中国野生大豆图志

国家出版基金项目
NATIONAL PUBLICATION FOUNDATION

中国野生大豆图志

主 编

董英山　刘晓冬　杨光宇　齐广勋

上海科技教育出版社

内容简介

　　一年生野生大豆(*G. soja*)是国家重点保护的二级野生植物。我国除新疆维吾尔自治区、青海省和海南省外,各省(直辖市、自治区)均有不同程度的分布。近20年来,由于道路修筑、矿山开采、荒地开垦等,野生大豆赖以生存的生态环境逐渐恶化,分布区域发生了较大变化。为了重新确定我国野生大豆的地理分布,围绕中国野生大豆资源的保护与优异基因的发掘利用,2006年以来,吉林省农业科学院在国家农业部、科技部的资助下,对北至漠河的黑龙江边、东北至黑龙江省的黑瞎子岛、西北至甘肃省的景泰县、西南至西藏自治区的察隅县、南至广西壮族自治区的象州县、东南至浙江省的舟山群岛等28个省(直辖市、自治区)进行了野生大豆考察与搜集,跋山涉水,历时13年,明确了中国野生大豆的分布界限和野生大豆分布状况。首次在海拔-3.4米和2743米的地方发现了野生大豆群落,南边界和东北边界分别延伸了11.5千米和16.1千米。考察中拍摄了数万张图片。结合在吉林省公主岭野生大豆资源异位保存试验圃拍摄的野生大豆形态性状、抗性鉴定及利用研究等照片,选取了600余幅,编撰成《中国野生大豆图志》一书。全书以图片的形式展示我国丰富多彩的野生大豆资源,全面介绍了我国野生大豆形态特征、地理分布、特殊类型、不同环境条件下的形态以及野生大豆的保护和评价利用等,可供有关管理和科技部门研究野生大豆资源保护策略及立项、科技工作者和大中专院校师生阅读参考,对普及野生大豆知识、提高保护意识将起到积极的作用。

《中国野生大豆图志》
编委会

主 编

董英山　刘晓冬　杨光宇　齐广勋

编委会成员

王玉民　赵洪锟　袁翠平

李玉秋　王英男　仲晓芳　燕雪飞

主编简介

董英山 1963年生,博士,吉林省农业科学院农业生物技术和作物种质资源研究首席研究员。现任吉林省农业科学院副院长,吉林省农业科学院学术委员会副主任,农业部东北作物基因资源与种质创制重点实验室主任,农业部植物新品种测试中心(吉林)主任,吉林省政协第十届委员。1985年、1988年于吉林农业大学获农学学士、农学硕士学位,2000年于东北师范大学获理学博士学位,2003年、2008年分别在华南热带农业大学和吉林大学完成博士后工作。2000年破格晋升为研究员,2005年被聘为首席研究员。东北师范大学、东北农业大学、吉林农业大学博士研究生导师。

近年来主要从事植物种质资源和生物技术研究,研究方向涉及野生大豆种质资源的搜集、保存、鉴定、评价和利用,大豆杂种优势利用分子机理,大豆、玉米转基因,优异基因克隆及分子标记等。主持、参加了国家转基因重大专项、国家"863"计划、"973"计划、自然科学基金、公益性行业科技、农业野生植物保护项目和吉林省育种专项等研究项目。

刘晓冬 1979 年生，硕士，2005 年毕业于东北师范大学。2006 年到吉林省农业科学院工作。现任吉林省农业科学院农作物种质资源平台副主任，野生大豆种质资源研究与利用团队负责人，副研究员。吉林省遗传学会理事兼秘书长。长期从事野生大豆资源考察与搜集工作，在全国 28 个省（直辖市、自治区）建立野生大豆定位点 6000 余个，搜集野生大豆资源 1 万余份，为原生境野生大豆资源的研究、保存作出了重要贡献。获吉林省科技进步奖一等奖 1 项，中华农业科技奖一等奖 1 项。主持参与全球环境基金（GEF）作物近缘野生植物保护、农业部农业野生植物保护、国家自然科学基金青年基金等项目 20 余项。发表论文 30 余篇，参与编写《中国野生大豆资源的研究与利用》一书。

杨光宇 1949年生，1975年毕业于吉林农业大学农学系。1985年开始从事野生大豆种质资源的评价与利用研究，二级研究员，享受国务院特殊津贴专家，吉林省首批高级专家，吉林省第四批、第八批有突出贡献中青年专业技术人才，全国优秀农业科技工作者。筛选出一批多荚、高蛋白、高含硫氨基酸、抗病、抗虫、抗逆性强的珍贵野生大豆种质；研究出一套亲本选配、后代性状的选择与淘汰、回交方式、群体规模、决选世代等不同于品种间杂交的野生大豆利用技术，成功地将野生大豆高蛋白、多荚等有利性状转育到栽培大豆中，解决了野生大豆蔓生性等难以克服的技术难题。利用野生大豆种质选育出20个大豆新品种通过吉林省品种审定，在生产上大面积推广应用，这些品种被外贸部门定为出口专用品种，累计出口创汇3亿多美元，为农民增收十多亿元。

有14项科技成果获得省部级以上奖励，其中国家发明奖四等奖1项，省部级科技进步奖一等奖7项、二等奖3项、三等奖3项；发表学术论文80余篇，参加编写学术著作8部，其中担任主编和副主编的各1部。

齐广勋 1983年生，硕士，2011年毕业于东北农业大学。现从事野生大豆资源异位保护、鉴定评价及种质创新工作。工作以来繁殖调查搜集到的野生大豆资源，筛选出白花、矮化、披针形叶等稀有类型资源，鉴定出一批抗病虫、耐逆等性状优异的野生资源。建立了图像、农艺性状等数据信息资料库。参与省部级科研项目20余项，获吉林省科技进步奖一等奖1项，参与制定并颁布吉林省地方标准1项，参与选育大豆新品种4个。发表学术论文十余篇，参与编写《中国野生大豆资源的研究与利用》一书。

目　录

前　言

　　一年生野生大豆(*Glycine soja*)是栽培大豆(*Glycine max*)的近缘野生种,国家二级重点保护野生植物。野生大豆在不同的环境条件下经过上千年自然演变,形成了抗逆性强、蛋白质含量高、多荚、多粒等优良特性,被认为在拓宽大豆遗传基础、创制新种质方面有着巨大的潜力,一直受到国内外高度关注。

　　一年生野生大豆的地理分布仅限于东亚中北部地区,包括中国、朝鲜半岛、日本、俄罗斯远东地区。我国是栽培大豆的起源地,一年生野生大豆分布广泛,搜集到的种质数量占世界总数的90%以上。2006年以来,吉林省农业科学院野生大豆种质资源研究与利用团队对我国北纬24°—53°、东经96°—134°区域范围内野生大豆的地理分布,尤其是对公开报道的边界区域进行了重点考察。13年来,考察了北到黑龙江省的漠河县,南到广西壮族自治区的象州县,东南到浙江省的舟山群岛,西北到甘肃省的景泰县,东北到黑龙江省的黑瞎子岛,西南到西藏自治区的察隅县、云南、贵州、四川等28个省(直辖市、自治区)的野生大豆分布点96个。在黑龙江省的黑瞎子岛和广西壮族自治区的象州县新发现野生大豆分布,将野生大豆东北边界和南边界分别延伸了16.1千米和11.5千米;在辽宁省盘锦地区辽河入海口处(海拔−3.4米)和云南省宁蒗县(海拔2743米)发现野生大豆分布,比原最低和最高海拔下降5.2米和提高93米。重新确定最高海拔点、最低海拔点及最北、最东的地理分布;搜集野生大豆近2万份,极大地丰富了我国野生大豆基因库,并在福建省湄洲岛等地共搜集到多年生野生大豆烟豆(*Glycine tabacina*)和短绒野大豆(*Glycine tomentella*)种质52份,该项成果于2018年获得吉林省科技进步奖一等奖。

　　考察中跋山涉水,现场拍摄了数万张图片,结合在吉林省公主岭市吉林省农业科学院的野生大豆资源异位保存试验圃拍摄的野生大豆形态性状、抗性鉴定及利用研究等照片,精选出600余幅,编撰成《中国野生大豆图志》一书。全书共分六章,以图片的形式对我国野生大豆的形态特征、地理分布、生态环境等进行了系统描述,对野生大豆研究利用方面的成果进行了归纳和总结。这些珍贵的图片凝聚了编著人员的多年心血,希望这样一部极富特色的著作能为从事相关研究的人员提供参考,同时加深广大读者对我国野生大豆的认识和了解,从而进一步理解保护野生大豆资源的紧迫性和重要性。

　　本书的编辑出版得到上海科技教育出版社的大力支持;野生大豆考察、搜集、鉴定与评价研究得到农业部生物资源保护与利用项目"野生大豆资源考察及抗逆(抗旱、抗病等)性状的鉴定与评价"、公益性行业(农业)项目"农业野生植物资源保护与利用技术研究与示范"、全球环境基金(GEF)项目"中国作物野生近缘植物保护与可持续利用"等项目的资助;在野生大豆考察过程中得到农业部环保总站、有关省(直辖市、自治区)环保站及各县(市)农业局环保站等单位的大力支持,在此一并表示衷心感谢!

编著者

2019年11月

第一章 野生大豆的形态

蝶形花亚科大豆属包含1个一年生和26个多年生种，其中一年生野生大豆（*G. soja* Sieb. and Zucc.）是栽培大豆的近缘野生种，在农业生产中具有极大的应用潜力。本章收录了一年生野生大豆根、茎、叶、花、荚、种子等器官的形态以及变异类型，同时也收录了在中国分布的2个多年生野生大豆的植株形态。

一、野生大豆的基本情况

野生大豆的名称

一年生野生大豆学名野大豆(《中国植物志》),拉丁名 *G. soja* Sieb. and Zucc.,明代《救荒本草》中称其为劳豆,民间习惯称其为小落豆、小落豆秧、落豆秧(东北)、山黄豆、乌豆、野黄豆(广西)等。在农业上,因其是栽培大豆的近缘野生种,习惯称其为野生大豆。

形态描述

在《中国植物志》中,描述其形态为:

茎:小枝纤细,缠绕草本,长1—4米,全体疏被褐色长硬毛。

叶:具3小叶,长可达14厘米;托叶卵状披针形,急尖,被黄色柔毛。顶生小叶卵圆形或卵状披针形,长3.5—6厘米,宽1.5—2.5厘米,先端锐尖至钝圆,基部近圆形,全缘,两面均被绢状糙伏毛,侧生小叶斜卵状披针形。

花:总状花序通常短,稀长可达13厘米;花小,长约5毫米;花梗密生黄色长硬毛;苞片披针形;花萼钟状,密生长毛,裂片5,三角状披针形,先端锐尖;花冠淡红紫色或白色,旗瓣近圆形,先端微凹,基部具短瓣柄,翼瓣斜倒卵形,有明显的耳,龙骨瓣比旗瓣及翼瓣短小,密被长毛;花柱短而向一侧弯曲。

荚:长圆形,稍弯,两侧稍扁,长17—23毫米,宽4—5毫米,密被长硬毛,种子间稍缢缩,干时易裂。

种子:椭圆形,稍扁,长2.5—4毫米,宽1.8—2.5毫米,褐色至黑色。

二、野生大豆的分类地位

野生大豆在植物界的分类地位

被子植物门 Angiospermae

  双子叶植物纲 Dicotyledoneae

    原始花被亚纲 Archichlamydeae

      蔷薇目 Rosales

        蔷薇亚目 Rosineae

          豆科 Leguminosae

            蝶形花亚科 Papilionoideae

              菜豆族 Trib. Phaseoleae

                大豆亚族 Subtrib. Glycininae

                  大豆属 Glycine

在分类上，一年生野生大豆隶属于蝶形花亚科大豆属。大豆属由一年生的 *Soja* 亚属和多年生的 *Glycine* 亚属构成，*Soja* 亚属包括一年生野生大豆（*G. soja* Sieb. and Zucc.）和一年生栽培大豆 [*G. max* (L.) Merr.]，*Glycine* 亚属则包括 26 个多年生种，其中只有烟豆 [*G. tabacina* (Labill.) Benth.] 和短绒野大豆（*G. tomentella* Hayata）在中国有分布，习惯上将其统称为多年生野生大豆。在亲缘关系上，一年生野生大豆与栽培大豆最为接近，与多年生野生大豆亲缘关系较远。

三、一年生野生大豆的不同进化类型

一年生野生大豆是栽培大豆的祖先种,经过人工驯化进化成现在的栽培大豆。在形态上,野生大豆蔓生性强、黑种皮且籽粒较小,栽培大豆茎秆直立性好,种皮表面光滑且籽粒较大,两者存在着一定的表型差异。介于两者之间,在茎秆直立性、种皮颜色、籽粒大小等表型上,还存在着类型丰富的中间类型或者变异类型。历史上,植物分类学家曾经将这类中间类型定义成一个独立的种,命名为宽叶蔓豆(*Glycine gracilis*)。近年来的研究认为,这些中间类型是野生大豆进化到栽培大豆过程中的自然进化类型,可能是人类的原始栽培大豆,栽培大豆出现以后,由于天然杂交的作用,又进一步丰富了天然杂交后代。因此,新种宽叶蔓豆被取消,统一为野生大豆(*Glycine soja*),但是习惯上,根据进化程度将其称为野生型、半野生型、半栽培型等类型。

野生大豆(*G. soja*)→自然进化类型(*G. gracilis*)→栽培大豆(*G. max*)

×

天然杂交后代(*G. gracilis*)

种子的大小和茎秆直立性是野生大豆进化为栽培大豆演变最明显的特征，因此百粒重和茎秆直立性也是区分野生大豆进化程度最直接的标志。习惯上，根据百粒重，将百粒重低于2.5克的野生大豆定义为野生型，2.5克到5克的定义为半野生型，大于5克，但是茎秆直立性较差的定义为半栽培型等。

野生型	半野生型	半栽培型	栽培型
百粒重 ≤2.5克	2.5—5.0克	>5克	

四、一年生野生大豆的植株形态

（一）根

1. 根系的形态

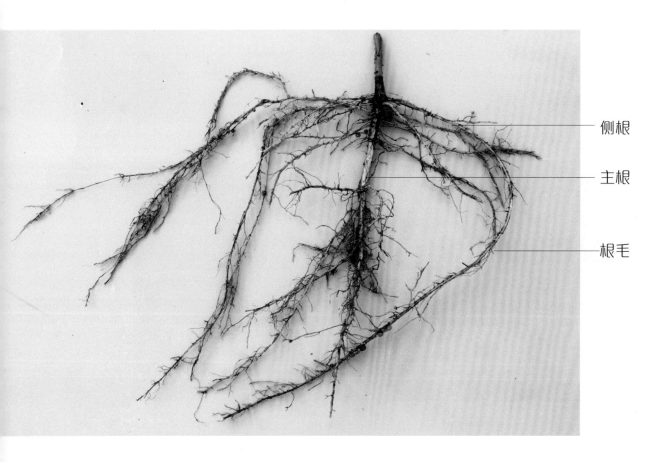

侧根

主根

根毛

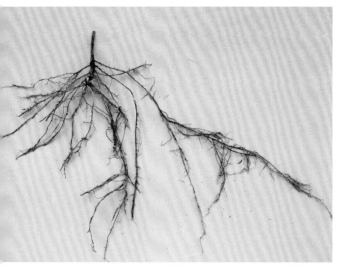

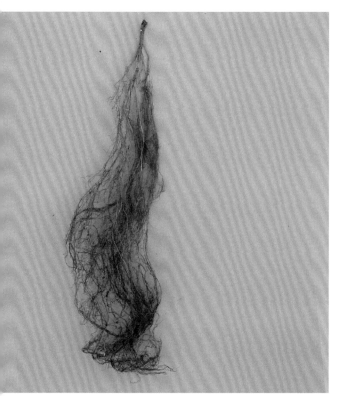

　　野生大豆为直根系，由主根、侧根和根毛组成，其中主根发达，极易与侧根相区别。但在人工盆栽等某些特殊条件下，野生大豆的侧根也会非常发达，与主根的差异不十分明显。野生大豆的根系常有根瘤菌寄生，多着生在主根基部和侧根末端。

2. 不同进化类型野生大豆的根系形态

从野生大豆进化到栽培大豆，植株的蔓生性越来越弱，直立性越来越好，根系的发育也向着主根越来越粗壮，侧根越来越发达方向发展。

主根演化方向

| 野生型 | 半野生型 | 半栽培型 | 栽培型 |

侧根演化方向

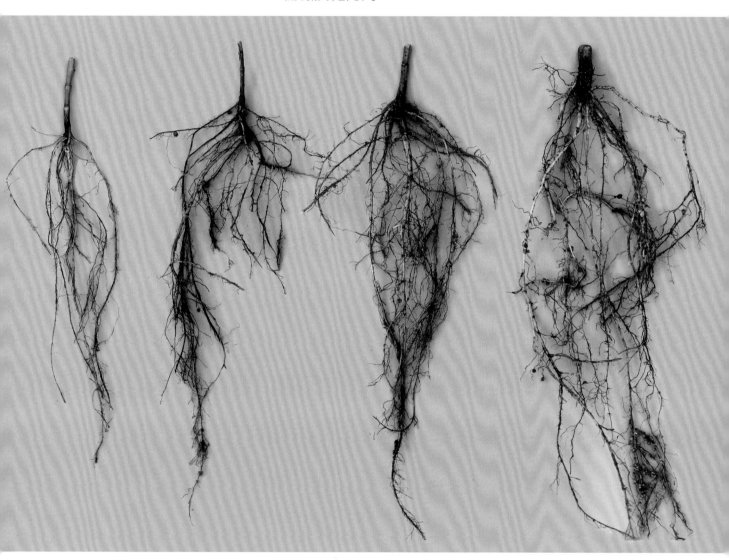

野生型　　　　　半野生型　　　　　半栽培型　　　　　栽培型

（二）茎

1. 形态

野生大豆的茎细弱，蔓生，表面覆盖茸毛，逆时针缠绕在伴生植物上。由主茎和分枝组成，通常主茎和分枝区分不明显。

主茎和分枝区分不明显

2. 分枝

野生大豆的茎属单轴分枝,是受多基因调控的数量性状,分枝的发生不仅受遗传因子的调控,还受激素、发育状况和环境等多种因素的影响。

(1)自然条件下多分枝

在辽宁辽河入海口湿地的野生大豆,河南洛阳伊河河床内的野生大豆,由于气候和水肥条件较好,分枝非常旺盛。

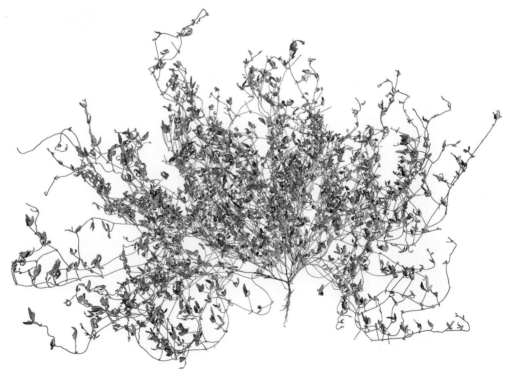

辽宁辽河入海口湿地的野生大豆分枝

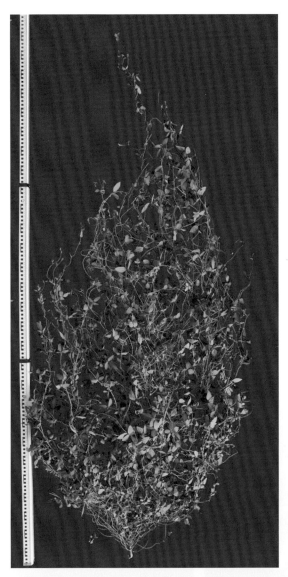

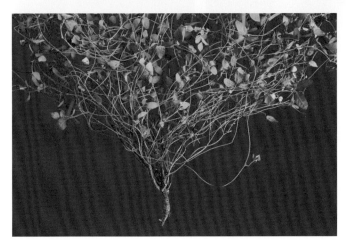

河南洛阳伊河河床内的野生大豆分枝

（2）自然条件下少分枝

在一些特殊生境中，例如黑龙江省漠河县，全年无霜期仅为90天左右；黑龙江省塔河县的黑龙江防堤，全年无霜期<100天，土壤为沙土地；宁夏中卫，气候为典型的大陆性季风气候和沙漠气候。由于特殊的环境条件，在这些地方生长的野生大豆，生长受到了比较明显的抑制，分枝数目较少。

黑龙江漠河的野生大豆分枝

宁夏中卫的野生大豆分枝

黑龙江塔河的野生大豆分枝

17

（3）控制条件下的分枝情况

在控制水肥（盆栽）条件下，野生大豆的分枝情况受其本身的基因控制，是受多基因调控的数量性状，可稳定遗传。本书收录了多分枝与少分枝的野生大豆。多分枝野生大豆在连续三年盆栽条件下，分枝情况没有明显变化。

多分枝野生大豆茎的基部（2017年）

多分枝野生大豆（2016年）

多分枝野生大豆（2017年）

少分枝野生大豆茎的基部

多分枝野生大豆(2018年)

少分枝野生大豆

3. 长度

（1）人工栽培条件下

野生大豆茎的长度，在控制水肥（盆栽）条件下较高植株能达2.5米以上，较矮的仅有十多厘米；植株高度主要体现在茎节的数量和长度上，长节间可达10厘米以上，短节间仅长1—2厘米。节间数量多的可达50个以上，少的仅有7—8个。

高野生大豆与矮野生大豆

（2）自然生境下

在自然生境下，植株的高度与基因型、生境均相关。植株最高可达4—6米；最矮仅为20厘米左右。

黑龙江依西肯江堤野生大豆植株

黑龙江呼玛县林场野生大豆植株

山东菏泽都司镇野生大豆植株　　　　河南许昌戴岗村野生大豆植株

（注：图中人身高1.85米）

23

4. 颜色及茸毛

野生大豆茎的颜色主要有紫红色和绿色两种。

成熟期

茎中部   茎基部

紫红色

绿色

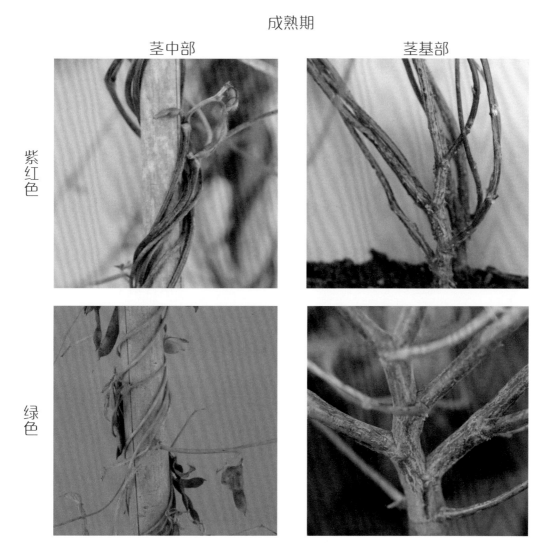

棕色茸毛 灰色茸毛

野生大豆茎表面覆盖棕色或灰色茸毛。根据茸毛在茎上的着生角度可分为直立、倾斜、紧贴三种类型。根据疏密程度可分为稀疏和稠密两种。

直立型　　　　　　　倾斜型　　　　　　　紧贴型

茎茸毛稀疏　　　　　　　　　　茎茸毛稠密

5. 不同进化类型大豆茎的形态

　　茎的直立性是野生大豆驯化成栽培大豆最明显的表型之一,不同进化类型大豆茎的形态区别非常明显,从野生到栽培,茎秆逐渐加粗,主茎逐渐明显,直立性逐渐增强。

4叶期:

野生型　　　半野生型　　　半栽培型　　　栽培型

生殖生长期:

野生型　　　半野生型　　　半栽培型　　　栽培型

主茎的茎粗：

野生型　　　半野生型　　　半栽培型　　　栽培型

去掉叶片的茎：

野生型　　　半野生型　　　半栽培型　　　栽培型

（三）叶

1. 子叶、单叶、复叶

野生大豆为双子叶植物，叶分为子叶、单叶、复叶。

子叶：无柄、无托叶，对生的单叶，呈长卵圆形。

单叶：第一对真叶，为子叶上部节上长出的对生单叶，多呈卵圆形。

复叶：从第二对真叶以后生出的叶均为复叶，是互生的三出复叶，三个小叶片各以一个小叶柄着生在叶柄之上，顶生小叶片的小叶柄较长，叶腋生有营养枝或花枝。叶形有椭圆形、卵圆形、披针形、线形等多种类型。

子叶

子叶

单叶

复叶

复叶

2. 叶形

　　野生大豆的叶形指三出复叶的形状,根据叶形指数(长宽比),可分为卵圆形、椭圆形、披针形、线形等几种。

卵圆形

椭圆形

| 卵圆形 | 椭圆形 | 披针形 | 线形 |

披针形 线形

卵圆形和线形叶

3. 叶片颜色

野生大豆叶片颜色与叶片中叶绿素的含量有关，通常新生叶片比老叶片颜色浅，也因此顶端的叶片颜色通常比底端的叶片颜色浅。在不同的野生大豆中，叶片颜色也存在一定的差别。

人工生境

自然生境

深绿 绿 浅绿

深绿 绿 浅绿

4. 不同进化类型大豆叶片大小

在不同进化类型大豆中,叶片大小具有较明显的差异。

野生型　　　半野生型　　　半栽培型　　　栽培型

野生型　　半野生型　　　半栽培型　　　栽培型

（拍摄于营养生长期）

自然条件下的野生大豆和栽培大豆的叶片

（四）花

1. 形态

　　野生大豆的花为两性花，蝶形花冠，两侧对称。花梗密生长硬毛；苞片披针形；花萼钟状，密生长毛，裂片5片，三角状披针形，先端锐尖；花冠淡紫色或白色，旗瓣近圆形，先端微凹，基部具短瓣柄，翼瓣斜倒卵形，有明显的耳，龙骨瓣比旗瓣及翼瓣短小，密被长毛；花柱短而向一侧弯曲。

2. 开花

野生大豆属自花授粉,开花前即已授粉,开花时间以上午8:00至10:00最盛,下午开花很少,夜间不开花,一朵花开放时间约为90分钟。

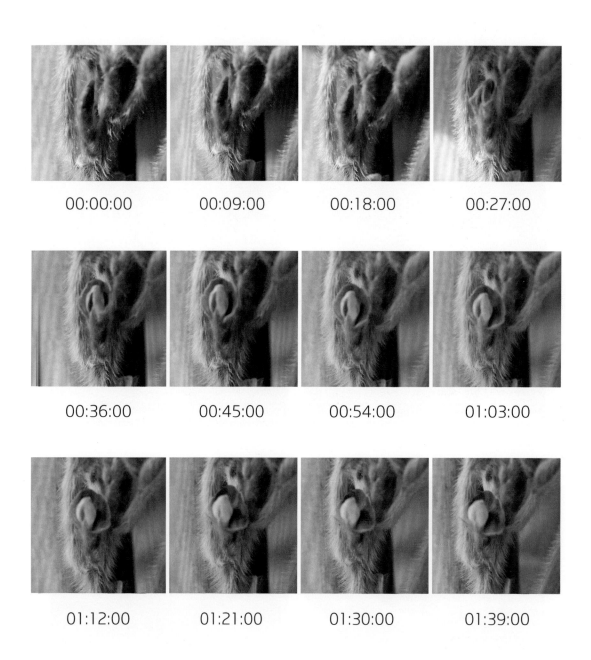

| 00:00:00 | 00:09:00 | 00:18:00 | 00:27:00 |

| 00:36:00 | 00:45:00 | 00:54:00 | 01:03:00 |

| 01:12:00 | 01:21:00 | 01:30:00 | 01:39:00 |

8小时(开花并结荚)   13小时(开花并结荚)

13.5小时(开花)   14小时(开花)

14.5小时(未开花)   15小时(未开花)

　　野生大豆是短日照植物,需要短光照的刺激才能开花。原产北纬33°的野生大豆(当地7月份日照时长约为14小时),在人工控制光照条件下(分别处理光照8小时、13小时、13.5小时、14小时、14.5小时、15小时),光照处理70天后,光照时长短于14小时的,均正常开花,长于14小时的,未见开花。日照时长越短的,开花也越早,经8小时和13小时处理的均结荚。

3. 颜色

花色具有引导昆虫取食、授粉,维持花朵的能量平衡,保护花器官免受伤害等作用。绝大多数野生大豆开紫花,鲜见白花。紫花由于其花青素含量和组成的不同,可以细分为浅紫、深紫等,在一些特殊类型中,还可观测到洋红、蓝紫、紫喉等花色。

紫色花

紫色花蕾

白色花

白色花蕾

白色　　　　　　　　浅紫　　　　　　　　深紫

洋红　　　　　　　　蓝紫　　　　　　　　紫喉

4. 紫花群落、白花群落、白花和紫花混合生长群落

紫花相对于白花更加容易吸引昆虫传粉,是进化上具有适应意义的表型。在已搜集到的野生型野生大豆中,绝大多数野生大豆开紫色花,开白色花的数量不到1%。在自然界中,由白花野生大豆组成的群落更是鲜有发现。

白花群落

紫花群落

白花和紫花混合生长群落

5. 花序

　　野生大豆是短总状花序。特点是花序轴不分枝,自下而上依次着生许多有柄小花,各小花花柄等长。花序轴的长度个体间存在一定差异。除了短总状花序以外,还发现有双花序(一个叶腋中着生两个较长的花序轴)以及长花序(花序轴长度＞10厘米)等类型。

花序类型

短总状花序

双花序

长花序

花序长度

6. 多花野生大豆

野生大豆的花着生在叶腋中,数量差异较大,通常着生3—4个,少的仅1—2个,多的可达10个以上。野生大豆总花的数量与基因型、生长环境等多个因素相关,个体间差异较大,总花数量可在10—2000个之间变化,多者可达5000个以上。

少花

普通花

普通花

少花

多花

多花

49

（五）荚

1. 形态

野生大豆的荚,长圆形,稍弯,两侧稍扁,长17—23毫米,宽4—5毫米,密被长硬毛,种子间稍缢缩,干时易裂。

2. 形状

荚的形状有弯镰形、弓形和直葫芦形等3种,其中弯镰形数量最多。

弯镰形   弓形   直葫芦形

3. 荚熟色

　　野生大豆的荚成熟时,荚表皮的颜色由绿色逐渐加深。成熟后,荚皮的颜色为黑色或深褐色,极个别呈黄色。

荚成熟时颜色由绿色逐渐加深

黑色　　　深褐色　　　黄色

4. 每节荚数

野生大豆每株荚数与植株的生长情况及基因型均相关。一般每节荚数以3—4个荚居多,1—2个荚为少荚, 极个别的荚数可达到17个。

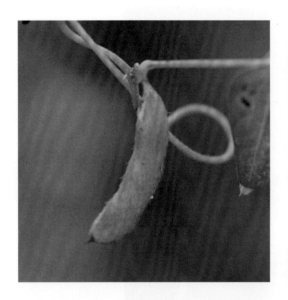

5. 数量

野生大豆荚的数量与花的数量密切相关,一般多花野生大豆结荚的数量也较多。

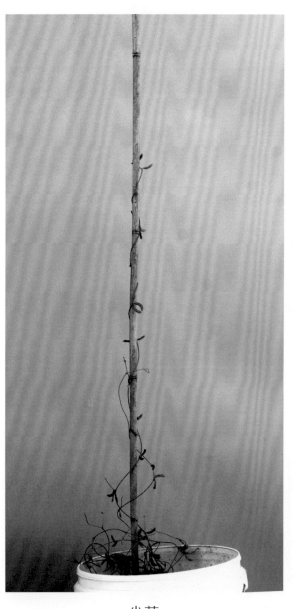

少荚

普通荚

多荚

6. 荚的茸毛色

荚的茸毛色有灰色和棕色两种。

灰毛　　　棕毛

7. 荚的茸毛密度

荚的茸毛密度个体间存在差异，有的稠密，有的稀疏。

茸毛稠密　　　茸毛稀疏

8. 每荚粒数

每荚粒数在1—4粒之间，以2—3粒居多。

1粒　　2粒　　3粒　　4粒

9. 不同进化类型大豆荚大小的比较

不同进化类型大豆荚的大小差异明显。

野生型　半野生型　半栽培型　栽培型

野生与栽培大豆豆荚大小比较
（豆荚小的为野生大豆）

（六）种子

1. 种皮颜色

　　野生大豆的种皮为褐色至黑色、有泥膜，百粒重小于2.5克。种皮颜色还有黄色、红褐色、黄黑相间双色等。野生大豆与栽培大豆可以发生天然杂交，杂交后代的种皮颜色变异类型丰富，介于双亲种皮颜色之间的过渡颜色均有可能产生。

典型野生大豆种子

黑色　　　　　　黄色　　　　　　褐色　　　　　　双色

野生大豆
X
栽培大豆

亲本

后代群体

2. 粒形

野生大豆种子多为椭圆形或扁圆形,其中以扁圆形居多,极少数为肾形。

椭圆形   扁圆形   肾形

3. 脐色

野生大豆种脐多为黑色,少数为褐色。

黑色种脐   褐色种脐   褐色种脐

4. 子叶色

　　野生大豆是典型的双子叶植物，种子具有双子叶无胚乳。子叶的颜色与栽培大豆类似，具有黄色和绿色两种，绝大多数为黄色，极个别为绿色。

子叶

去掉种皮

带种皮

栽培大豆　　　野生大豆　　　野生大豆　　　栽培大豆

5. 泥膜

典型野生大豆的种子表面覆盖有一层泥膜,种皮多没有光泽。有些特殊类型种皮外没有泥膜,甚至种皮呈现一定的光泽。这类种子百粒重一般较大,进化程度较高。

有泥膜　　　　　　无泥膜　　　　　　光亮

6. 不同进化类型大豆种子大小比较

从野生大豆进化到栽培大豆,在种皮颜色、粒形、百粒重等方面变化明显。一般种子的泥膜从有到无,百粒重逐渐变大,种皮颜色也发生大的改变。

野生型　　　　　半野生型　　　　　半栽培型　　　　　栽培型

五、多年生野生大豆的植株形态

（一）短绒野大豆

在《中国植物志》中，描述其形态为：

茎：多年生缠绕或匍匐草本。茎粗壮，基部多分枝，全株通常密被黄褐色的茸毛。

叶：叶具3小叶；托叶卵状披针形，长2.5—3毫米，有脉纹，被黄褐色茸毛；叶柄长1.5厘米；小叶纸质，椭圆形或卵圆形，长1.5—2.5厘米，宽1—1.5厘米，先端钝圆形，具短尖头，基部圆形，上面密被黄褐色茸毛，下面毛较稀疏；侧脉每边5条，下面较明显凸起；小托叶细小，披针形；顶生小叶柄长2毫米，侧生的很短，几无柄，均被黄褐色茸毛。

花：总状花序长3—7厘米，被黄褐色茸毛。总花梗长约4厘米；花长约10毫米，宽约5毫米，单生或2—7(—9)朵簇生于顶端；苞片披针形；花梗长约1毫米；小苞片细小，线形；花萼膜质，钟状，具脉纹，长4毫米，裂片5；花冠淡红色、深红色至紫色，旗瓣大，有脉纹，翼瓣与龙骨瓣较小，具瓣柄；雄蕊二体；子房具短柄，胚珠多颗。

果实：荚果扁平而直，开裂，长18—22毫米，宽4—5毫米，密被黄褐色短柔毛，在种子之间缢缩，果颈短；种子1—4颗，扁圆状方形，长与宽约2毫米，褐黑色，种皮具蜂窝状小孔和颗粒状小瘤凸。

植株

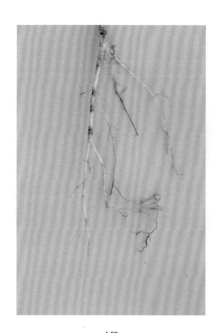

根

茎

叶

荚

花

荚

种子

（二）烟豆

在《中国植物志》中，描述其形态为：

茎：多年生草本。茎纤细而匍匐，基部多分枝，节明显，常弯曲，幼时被紧贴、白色的短柔毛。

叶：叶具3小叶，侧生小叶与顶生小叶疏离；托叶小，披针形，长约2毫米，有纵脉纹，被柔毛；叶柄长2—3厘米；茎下部的小叶倒卵形，卵圆形至长圆形，长0.7—1.2厘米，宽0.4—0.8厘米，先端钝圆、截平或微凹，具短尖，基部圆形，上部的小叶卵状披针形、长椭圆形或长圆形至线形，长1.2—3.2厘米，宽5—8毫米，先端具短尖，基部圆形，两面被紧贴白色短柔毛，下面的较密；侧脉每边5—7条，弯曲，小脉网状；小托叶细小，线形，长约1毫米，被毛。

花：总状花序柔弱延长，长1—5.5厘米；花疏离，长约8毫米，生于短柄上，在植株下部常单生于叶腋，或2—3朵聚生；苞片线形，被柔毛；小苞片细小；花梗长2毫米；花萼膜质，钟状，裂片5，三角形，长于萼管，上面2片合生至中部；花冠紫色至淡紫色；旗瓣大，圆形，直径约15毫米，有瓣柄，翼瓣与龙骨瓣较小，有耳，具瓣柄；雄蕊二体；子房具短柄，胚珠多数。

果实：荚果长圆形而劲直，在种子之间不缢缩，长2—2.5厘米，宽约2毫米，被紧贴、白色的柔毛，先端有长约2毫米的喙，果颈短；种子2—5颗，圆柱形，两端近截平，长约2.5毫米，宽约2毫米，褐黑色，种皮不光亮，具呈星状凸起的颗粒状小瘤。

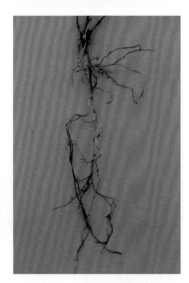

植株　　　　　　　　　　　根

茎 叶

花

荚

种子

第二章　中国野生大豆的地理分布

一年生野生大豆在我国分布极广，除新疆维吾尔自治区、青海省、海南省以外，其他各省（直辖市、自治区）都有不同程度的分布；多年生野生大豆在我国仅分布有短绒野大豆和烟豆两个种，主要分布在福建、广东两省的东南沿海地区。本章收录了目前发现的我国一年生野生大豆在分布边界点的形态和生境，以及两个多年生野生大豆的形态和生境。

野生大豆喜水耐湿，受地形、地貌影响很大，野生大豆在我国分布的边界线沿大兴安岭、内蒙古高原、青藏高原到云贵高原一线。在边界线以西的干旱地区，野生大豆几乎绝迹，边界线以东，随着海拔的降低，野生大豆的分布也逐渐增多，直至延伸到国境线、海岸线等。

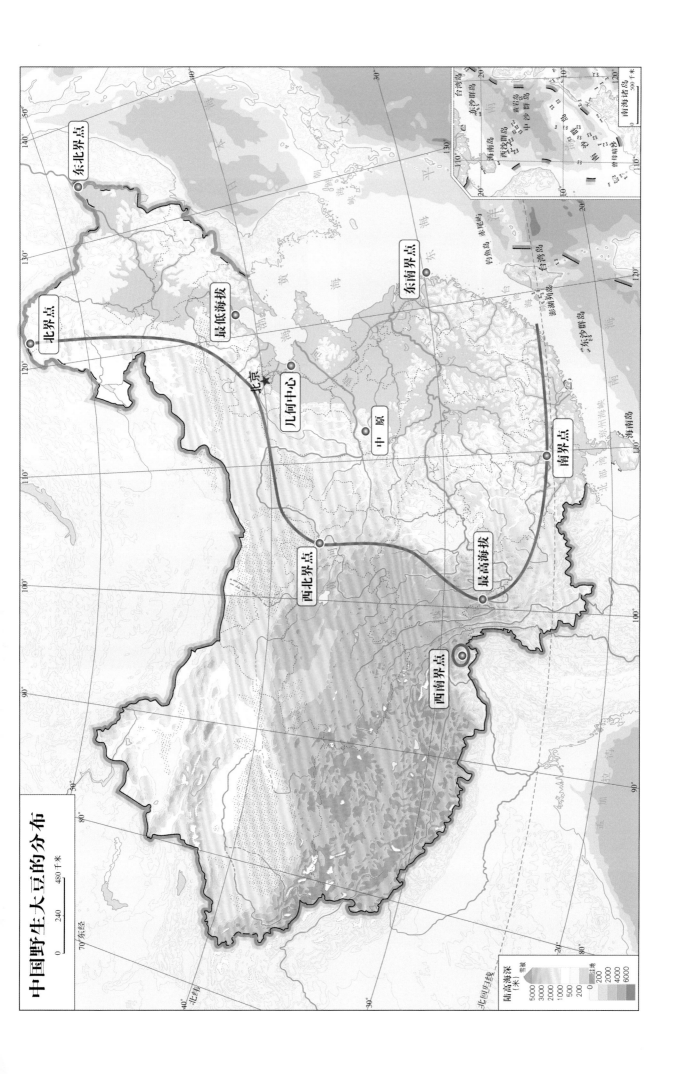

中国野生大豆的分布

东北界点

北界点

最低海拔

东南界点

几何中心

北京

中原

南界点

西北界点

最高海拔

西南界点

0   240   480 千米

70东经

陆高海深（米）

5000
3000
2000
1000
500
200
0
200
500
1000
2000
4000
6000
雪被
冰川
湿地

北回归线

台湾群岛

东沙群岛

黄岩岛

中沙群岛

西沙群岛

南沙群岛

海南岛

曾母暗沙

南海诸岛

0   500 千米

钓鱼岛

赤尾屿

台湾岛

澎湖列岛

东沙群岛

海南岛

琼州海峡

一、一年生野生大豆的分布

北界
N53°29.628′, E122°19.546′

南界
N23°57.818′, E109°41.078′

东北界
N48°21.563′, E134°45.893′

西北界
N37°10.748′, E104°17.981′

东南界

N29°52.661′, E122°23.999′

西南界

N28°43.689′, E96°46.235′

最低海拔

-3.4 米

最高海拔

2743 米

中原

N34°39.152′, E112°41.457′

几何中心

N38°17.268′, E117°35.219′

（一）北界

野生大豆在中国分布的最北界点在黑龙江省漠河县北极村附近，与俄罗斯隔江相望，在农田边以及小溪桥下均发现有野生大豆。

经纬度：N53°29.628′，E122°19.546′

气候条件：漠河县属寒温带大陆性季风气候，年平均无霜期86.2天，年平均气温-5.5℃，年平均降水量460.8毫米，夏至昼长近17小时。

植株形态：北界点的野生大豆，植株较矮小，茎较短，长约0.5米，先端缠绕，茎和分枝纤细，多二级分枝，少见三级分枝；复叶的数量较少；根系发达，根瘤数量较多。

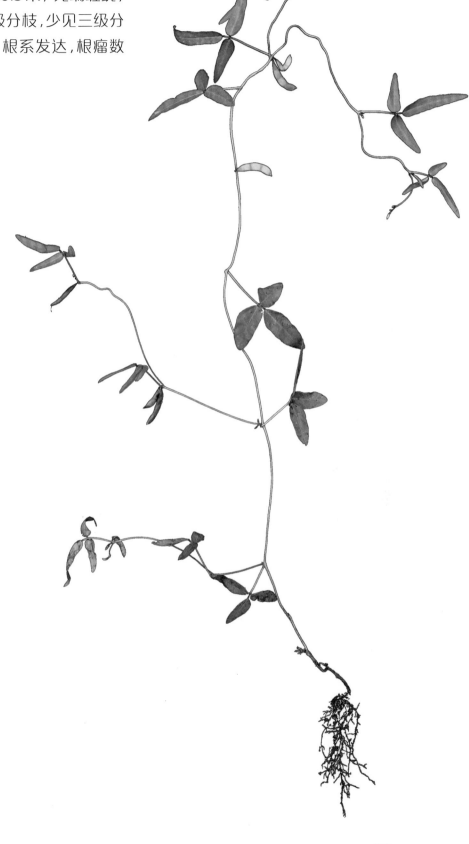

（二）东北界

野生大豆在中国分布的最东北界点在黑龙江省抚远县黑瞎子岛边防巡逻路边，距离中俄边界259/4界碑不足百米，在边防巡逻路边以及周边均发现有野生大豆。

经纬度:N48°21.563′, E134°45.893′

气候条件:抚远县属中温带大陆性季风气候,年平均无霜期155天,年有效积温2200℃,年平均降水量在600毫米左右。

植株形态：东北界点的野生大豆，表型较为丰富，茎长可达2—3米，茎较粗壮，分枝纤细；叶线形、披针形、卵状披针形、椭圆形均有；短总状花序，稀疏，长可达10厘米；根系发达。

（三）东南界

野生大豆在中国分布的最东南界点在浙江省舟山群岛朱家尖海滨浴场附近，野生大豆生长在路边路肩上，距海边不足百米。在舟山群岛其他区域，也发现有野生大豆群体。

经纬度：N29°52.661′，E122°23.999′

气候条件：舟山群岛属亚热带海洋性季风气候，年平均气温 16℃左右，最热 8 月，平均气温 25.8—28.0℃；最冷 1 月，平均气温 5.2—5.9℃。常年降水量 927—1620 毫米，年日照时数 1941—2257 小时，无霜期 251—303 天。

　　植株形态:东南界点的野生大豆,表型较为丰富,茎长可达2—3米,茎粗壮,多分枝,植株基部呈半匍匐状丛生;叶线形、披针形、椭圆披针形、卵状披针形、椭圆形均有;短总状花序,多花;根系发达。

（四）南界

野生大豆在中国分布的最南界点在广西壮族自治区象州县岩村三八岭附近，在水稻田边的灌木丛中发现了野生大豆。

经纬度：N23°57.818′，E109°41.078′

气候条件：象州县属亚热带季风气候，年平均气温20.7℃，年平均降水量1306毫米，年平均无霜期331天。

植株形态:南界点的野生大豆,营养体较发达,茎长可达4.5米,粗壮,多分枝;短总状花序,疏松,多花;根系发达。

（五）西北界

野生大豆在中国分布的最西北界点在甘肃省景泰县五佛乡兴水村附近，在玉米田边的引黄河水灌渠上有野生大豆群落分布。

经纬度：N37°10.748'，E104°17.981'

气候条件：景泰县属温带干旱大陆性气候，年平均日照时数2652小时，日照百分率60%，太阳年平均辐射量147.8千卡/平方厘米，年≥0℃的活动积温3614.8℃，≥10℃的有效积温3038℃，年平均无霜期191天。

植株形态：西北界点的野生大豆茎较短，长约1.5米，多分枝，枝纤细；复叶的数量较少；短总状花序，少花。

（六）西南界

　　野生大豆在中国分布的最西南界点在西藏自治区察隅县上察隅镇附近。上察隅镇位于察隅河西支贡日嘎布曲的中部，海拔1900米，周围群山海拔在4000米以上，在河谷的水稻田边有野生大豆分布。

经纬度：N28°43.689′，E96°46.235′

气候条件：察隅县属喜马拉雅山南亚热带湿润季风气候区。四季温和，降水充沛，日照充足，无霜期长。年平均日照时数1615.6小时，年平均无霜期280天。

植株形态：西南界点的野生大豆，植株较矮小，茎纤细，长约1.5米，较少分枝；叶披针形、狭长卵圆形至宽披针形；短总状花序，小花稀疏。

（七）中原

　　河南省洛阳市地处中原腹地，伊河和洛河流经交汇于此。伊洛地区在中国文明起源中占有重要地位，"伊洛文明"被史学家称为东方的两河文明。从旧石器时代开始，即有远古人类生息繁衍，裴李岗文化、仰韶文化均发源于此。在距洛阳市不足200千米的舞阳贾湖遗址（公元前6680—前6420年），通过浮选法发现了数量众多的野生大豆；在距今约3900—3600年的洛阳皂角树遗址中发现了大豆籽粒，发掘者确定其为栽培种的大豆遗存；在距洛阳不远的禹州瓦店遗址中，发现炭化大豆573粒，豆粒的长和宽平均值略高于现生野生大豆的平均尺寸，但明显低于现生栽培大豆，应该属于早期阶段的栽培品种。编成于春秋时代的《诗经》中，多次提到了"菽"，《诗经·小雅·小宛》中记载"中原有菽，庶民采之"；在洛阳金谷园出土的西汉陶仓外，有"大豆万石"的字样。这些考古发现说

明洛阳地区与野生大豆驯化成栽培大豆息息相关。洛阳地区的远古先民利用当地的野生大豆,开始驯化与栽培野生大豆,使大豆成为当时重要的农作物之一。因此,本书收录了河南省洛阳市高龙镇伊河大桥桥下发现的野生大豆。

经纬度:N34°39.152′, E112°41.457′

气候条件:洛阳市属暖温带大陆性季风气候,具有春季多风、气候干旱,夏季炎热、雨水集中,秋季晴和、日照充足,冬季干冷、雨雪稀少的显著特点。全年日照时数为2141.6小时,年平均气温13.7℃,年无霜期210天以上,年平均降水量670.6毫米。

植株形态:中原地区的野生大豆,表型非常丰富,茎长可达3米以上,密集分枝而呈密丛状,基部半匍匐,茎和分枝粗壮,节间较短;叶宽披针形、卵状披针形、椭圆形;短总状花序,小花密集;根系发达,主根粗壮。

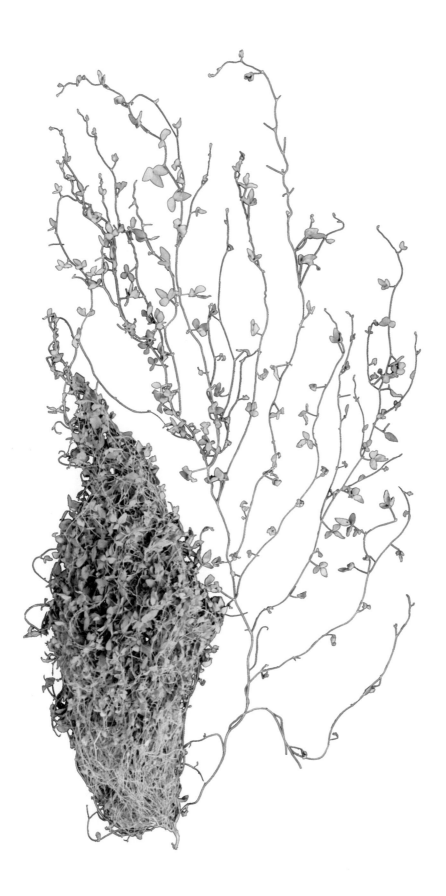

（八）几何中心

野生大豆在中国的主要范围在北纬24°—53°之间，东经104°—134°之间，东经104°以西虽然也有野生大豆，但多呈零星分布，例如西南界点的西藏察隅和最高海拔的云南宁蒗，周围区域的野生大豆分布并不广泛。河北省黄骅市是我国野生大豆主要分布区域的几何中心。本书收录了河北省黄骅市杨庄乡齐庄村附近公路边发现的野生大豆，作为几何中心的代表。

经纬度：N38°17.268′，E117°35.219′

气候条件：黄骅市属暖温带半湿润大陆性季风气候，略具海洋性气候特征，气候温和，光照充足，降雨集中，四季分明。年平均气温12.3℃，最冷月平均气温-4.1℃（1月），极端最低气温-19℃，最热月平均气温26.6℃（7月），极端最高气温41.8℃，0℃以上活动积温4766℃。 近十年平均降水量为527毫米。年平均日照时数2726小时，年平均无霜期210天。

　　植株形态：几何中心黄骅市的野生大豆，表型丰富，茎长可达1.5—2米，密集分枝，基部半匍匐，茎和分枝较粗壮，节间较短；叶宽披针形、披针形、椭圆形；短总状花序，小花密集；根系发达。

（九）最高海拔

野生大豆在中国分布的最高海拔点在云南省宁蒗县永宁乡上瓦都附近，海拔高度2743米，在海拔稍低的下瓦都农田灌渠边，也发现了野生大豆。

经纬度：N27°47.784′，E100°38.508′

气候条件：宁蒗县属低纬度高原季风区，干湿季分明，因受高原和高山峡谷地形的影响，立体气候显著。年平均降水量920毫米，年平均日照时数2298小时，年平均无霜期190天，年平均气温12.7℃。年极端最低气温-9℃左右，年极端最高气温30℃左右。

植株形态：最高海拔宁蒗县的野生大豆，茎长可达1—1.5米，密集分枝，基部半匍匐，茎和分枝较粗壮，节间较短；叶宽披针形、披针形、椭圆形；短总状花序，小花密集；部分种子成熟后粒重较小，百粒重不足1克；根系发达。

（十）最低海拔

野生大豆在中国分布的最低海拔点在辽宁省盘锦市湿地赵圈河苇场(辽河入海口)附近,海拔-3.4米,在湿地上,野生大豆的分布非常密集。此外在山东垦利黄河入海口以及河北唐海滨海湿地等地方,海拔趋近于海平面,也有野生大豆分布。

辽宁盘锦湿地赵圈河苇场

河北唐海滨海湿地

经纬度：N40°57.126′，E121°49.376′

气候条件：盘锦市属暖温带半湿润大陆性季风气候。气候特点为四季分明、雨热同季、干冷同期、温度适宜、光照充裕。年平均降水量651毫米，年平均无霜期182天。

　　植株形态：最低海拔盘锦市的野生大豆，表型丰富，营养体非常发达，长可达2.5米以上；茎密集分枝，基部半匍匐密丛状，茎、小枝粗壮，茎中下部节间较短；叶宽披针形、卵状披针形、卵状椭圆形、卵圆形；短总状花序，小花密集；根系发达，主根粗壮，木质化明显。

（十一）分布界点野生大豆的形态比较

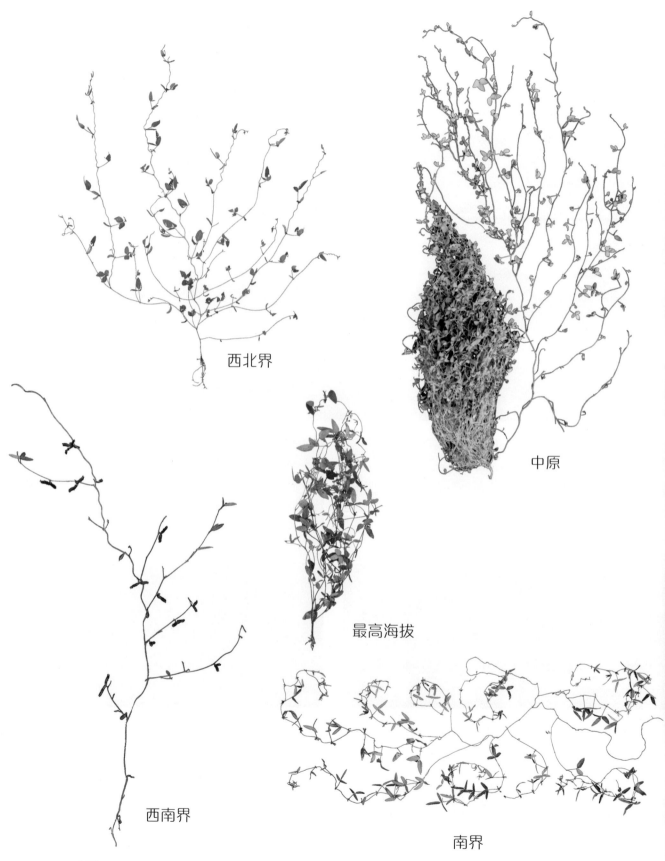

西北界

中原

最高海拔

西南界

南界

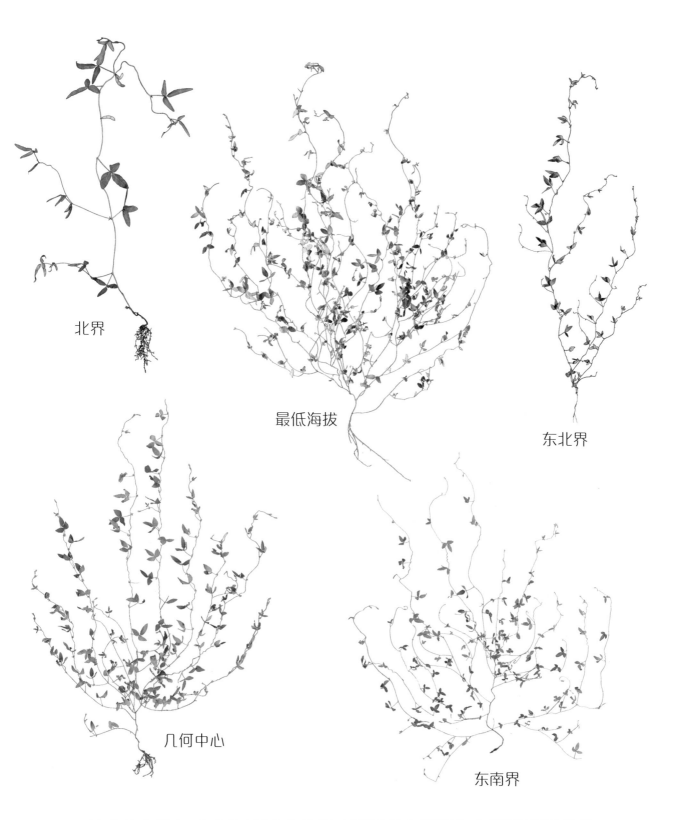

北界

最低海拔

东北界

几何中心

东南界

　　这些分布界点，南北跨越 29 个纬度，相距 3400 多千米，东西跨越 38 个经度，相距 3900 多千米，海拔相差接近 2750 米。光照、降水、温度等气候、土壤因素，造成了在这些分布界点上的野生大豆形态各异，在植株高度、分枝数目、叶片叶形、生物量大小等表型上，具有非常明显的区别。

二、多年生野生大豆的分布

（一）短绒野大豆

短绒野大豆在我国的分布主要集中在东南沿海的福建和广东两省,在福建省莆田市湄洲岛金滩路黄金沙滩附近发现有短绒野大豆分布。

经纬度：N25°02.988′，E119°05.962′

气候条件：湄洲岛属典型的亚热带海洋性季风气候，年平均气温21℃，年平均降水量1000毫米左右，气候温和。

（二）烟豆

烟豆在我国的分布主要集中在东南沿海的福建、广东等省，在福建省莆田市湄洲岛环岛东路三佛山以及其他多个地点发现有烟豆分布。

经纬度：N25°04.007′，E119°08.172′

气候条件：湄洲岛属典型的亚热带海洋性季风气候，年平均气温21℃，年平均降水量1000毫米左右，气候温和。

第三章　优异野生大豆种质资源

一、野生大豆核心资源

二、优质野生大豆

（一）高蛋白野生大豆

（二）高异黄酮野生大豆

（三）高含硫氨基酸野生大豆

三、耐逆野生大豆

（一）耐盐碱野生大豆

（二）耐干旱野生大豆

四、抗病虫野生大豆

（一）抗胞囊线虫野生大豆

（二）抗花叶病毒病野生大豆

（三）抗蚜虫野生大豆

（四）抗灰斑病野生大豆

（五）抗斜纹夜蛾野生大豆

五、特殊类型野生大豆

（一）线形叶野生大豆

（二）白花野生大豆

　　野生大豆的遗传多样性远比栽培大豆丰富，具有蛋白质含量高、适应性广、抗逆性强、单株荚数多等诸多特点。野生大豆是栽培大豆遗传改良不可多得的宝贵资源。本章收录的优异野生大豆资源，是通过品质、耐逆、抗病虫等鉴定评价出的，在农业上具有较高应用价值的优异育种资源。

一、野生大豆核心资源

"核心资源"即以最少数量的遗传资源包含一个作物种及其近缘种的最大限度的遗传多样性。

我国科研人员利用所搜集的一年生野生大豆资源,以形态学、生态地理学、生物化学资料为基础构建了野生大豆核心资源。以652份野生大豆资源代表了国家种质资源库6172份野生大豆资源98.4%的遗传多样性。在育种研究中应用核心资源,以小样本取样,代表整个野生大豆的遗传资源,可降低工作量并提高效率。

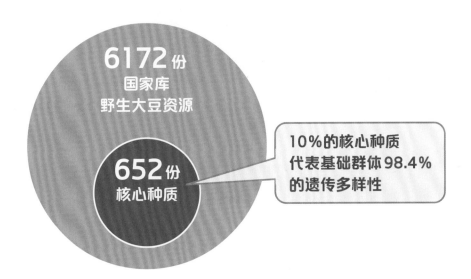

二、优质野生大豆

（一）高蛋白野生大豆

TB132植株

TB132花   TB132荚   TB132种子

大豆是植物蛋白的重要来源,有"田中之肉、营养之王"的美誉。每100克大豆含蛋白质40克左右,是小麦的3.6倍、玉米的4.2倍、大米的5倍、牛肉的2倍、猪肉的3倍。除了榨取豆油以外,大豆常用来做各种豆制品、酿造酱油和提取蛋白质。豆渣或磨成粗粉的大豆也常用于禽畜饲料。

野生大豆的蛋白质含量高,据统计,我国鉴定入库的6172份野生大豆资源中,蛋白质含量最高的为55.70%,最低的有29.04%,平均含量44.90%,明显高于全国栽培大豆蛋白质含量43.66%的平均值。鉴定入库的6172份野生大豆,蛋白质含量超过50%的种质有387份。各地区野生大豆蛋白质含量,地区间有很大差异,以30°—32°N和43°N以北地带蛋白质含量最高。本书收录的来源于河南省桐柏县(32°24′N)的野生大豆TB132,粗蛋白含量达56.53%,打破原55.70%的纪录,是目前野生大豆蛋白质含量最高的种质。

检验方法:凯氏定氮法。

（二）高异黄酮野生大豆

LJ103植株

LJ103花   LJ103荚   LJ103种子

大豆异黄酮是黄酮类化合物，是大豆生长中形成的一类次级代谢产物。主要分布于大豆种子的子叶和胚轴中。由于是从植物中提取，与雌激素有相似结构，因此大豆异黄酮又称植物雌激素。可防治一些和雌激素水平下降有关的疾病，还可作为营养补充食品食用。

吉育97、中豆27、垦豆43等高异黄酮大豆品种的异黄酮含量分别为3.63mg/g、3.791mg/g、4.821mg/g。在育种资源中，异黄酮含量大于4mg/g的即可定为高异黄酮种质。本书收录的来源于吉林龙井的野生大豆LJ103，异黄酮含量为5.83mg/g。

检验方法：高效液相色谱法。

（三）高含硫氨基酸野生大豆

TB147植株

TB147花   TB147荚   TB147种子

　　大豆是人类重要的植物蛋白源,所含的必需氨基酸比较平衡,但最大的缺陷是蛋氨酸含量低,限制了其蛋白质的营养价值。含硫的胱氨酸虽不属必需氨基酸,但可节省蛋氨酸的利用,因此人们把提高两种含硫的氨基酸(简称含硫氨基酸)的含量作为改进大豆蛋白品质的重要目标。

　　对全国24个省(直辖市、自治区)的1000余份栽培大豆的含硫氨基酸进行分析,蛋氨酸的平均含量为1.27g/16gN,胱氨酸的平均含量为1.37g/16gN。野生大豆的平均总蛋白高于栽培大豆,因此在高蛋白的野生大豆资源中找到含硫氨基酸高的种质,对改良大豆营养价值意义重大。一般蛋氨酸和胱氨酸含量大于3g/16gN即认定为高含硫氨基酸种质,本书收录了来源于河南桐柏的野生大豆TB147,其含硫氨基酸含量为3.25g/16gN。

三、耐逆野生大豆

（一）耐盐碱野生大豆

ZYD00659植株

盐渍化是影响农作物生长和产量的最主要因素之一。土壤的盐化与碱化往往相伴发生，使作物受盐和碱的双重胁迫，对矿质元素的利用率明显降低。本书收录的耐盐碱野生大豆ZYD00659是经过盐碱土筛选，芽期和苗期的耐盐碱筛选获得。

ZYD00659花

ZYD00659荚

ZYD00659种子

鉴定方法

盐碱土鉴定：内陆盐碱土，pH>10。

芽期鉴定：100mmol/L的NaCl、NaHCO$_3$、Na$_2$CO$_3$、Na$_2$SO$_4$（质量比为1:9:9:1）混合盐碱液浸泡。

苗期鉴定：300mmol/L的NaCl、NaHCO$_3$、Na$_2$CO$_3$、Na$_2$SO$_4$（质量比为1:9:9:1）混合盐碱液浇灌。

盐碱土鉴定

芽期鉴定

耐盐碱（左）和盐敏感（右）对照

苗期鉴定

处理0天　　　　　处理10天

（二）耐干旱野生大豆

ZYD00509 植株

干旱是在农作物生长发育过程中，因降水不足、土壤含水量过低，作物得不到适时适量的灌溉，不能满足农作物的正常需水。干旱常造成农作物减产。我国华北、东北和西北等地区均面临不同程度的干旱威胁。本书收录的耐干旱野生大豆 ZYD00509 是通过旱棚鉴定和PEG-6000模拟的干旱环境获得。

 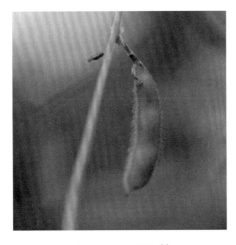 

ZYD00509花   ZYD00509荚   ZYD00509种子

鉴定方法

耐干旱鉴定:旱棚遮挡自然降水,人工模拟干旱环境进行耐干旱鉴定。

苗期耐旱鉴定:10%的PEG-6000模拟干旱环境,处理48小时进行苗期耐旱鉴定。

耐干旱鉴定

四、抗病虫野生大豆

（一）抗胞囊线虫野生大豆

XB008植株

大豆胞囊线虫病是大豆的主要病害之一，世界各大豆产区均有发生。我国的东北和黄淮海大豆主要产区，如辽宁、吉林、黑龙江、山西、河南、山东、安徽等省普遍发生，危害严重，严重制约了我国大豆生产。该病一般使大豆减产10%—20%，重者可达30%—50%，某些产区因大面积发生而毁种。本书收录的抗胞囊线虫野生大豆XB008是通过人工接种胞囊线虫虫卵筛选获得。

XB008编号野生大豆抗胞囊线虫IP指数为1.8159，表现为抗性材料。

XB008花　　　　　　　　XB008荚　　　　　　　　XB008种子

鉴定方法:人工
接种胞囊线虫虫卵。

抗病材料(左)和感病材料(右)对照

（二）抗花叶病毒病野生大豆

ZYD02252 植株

大豆花叶病毒(SMV)属于马铃薯 Y 病毒科,是大豆病害中影响最大、地域分布最广的病毒病害,我国各大产区都普遍发生,受害植株豆荚数量减少,百粒重降低,褐斑粒增多,严重影响大豆产量和外观品质。本书收录的 ZYD02252 是通过人工接种 SMV1 号和 SMV3 号病毒筛选获得。

ZYD02252 编号野生大豆抗花叶病毒的病情指数为7.41%,表现为高抗材料。

ZYD02252花　　　　　　　　ZYD02252荚　　　　　　　ZYD02252种子

鉴定方法

　　网室鉴定：采用摩擦法，待第一片复叶完全展开时人工接种SMV1号和SMV3号株系，发病后计算病情指数。

高感　　　　　　　　　　　　　　高抗

（三）抗蚜虫野生大豆

XB028植株

大豆蚜虫，俗称"腻虫"，属同翅目蚜虫科，是大豆的主要害虫之一。大豆蚜虫以成蚜、幼蚜危害大豆生长点、顶叶、嫩茎，造成植株卷缩和矮化，产量下降。大豆蚜虫还是大豆花叶病毒病的主要传播媒介，使大豆籽粒的斑驳加重，降低大豆的商品品质。

XB028编号野生大豆抗蚜虫鉴定虫害指数为0.167，表现为中抗材料。

XB028花 XB028荚 XB028种子

鉴定方法

网室鉴定:用网棚遮罩并清理网室内昆虫,在出现第三片复叶后,用两点式
接蚜法接虫并进行蚜虫危害调查。

 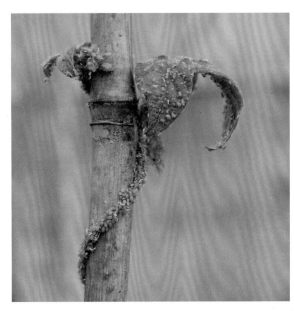

感蚜叶片 感蚜茎

（四）抗灰斑病野生大豆

　　大豆灰斑病又称褐斑病、斑点病或蛙眼病，是世界性病害，在中国主要分布于春大豆产区和黄淮流域的部分产区。由半知菌亚门的真菌大豆短胖胞引起。大豆灰斑病主要为害叶片，也可侵染茎、荚及种子。带病种子长出的幼苗子叶上现半圆形或圆形深褐色凹陷斑，天旱时病情扩展缓慢，低温多雨时，病斑可蔓延至生长点，导致幼苗枯死。野生大豆中具有丰富的抗灰斑病抗源。

　　5030097编号野生大豆抗灰斑病的病情指数为3.70%，表现为高抗材料。

5030097植株

5030097花   5030097荚   5030097种子

鉴定方法

网室鉴定:灰斑病由真菌引起,人工模拟低温高湿的环境进行鉴定。人工喷雾接菌,发病后进行病害发生情况调查。

感病叶片   抗病   感病

（五）抗斜纹夜蛾野生大豆

斜纹夜蛾属鳞翅目，夜蛾科，主要以幼虫形态为害叶片部位，是大豆叶片的主要害虫之一，具有发生世代多、寄主范围广、抗药性强等特点。

ZYD03193编号野生大豆受斜纹夜蛾食叶为害等级为14.29%，表现为高抗；根据虫体重量分级等级为0.033888，表现为抗性。

ZYD03193植株

ZYD03193花　　　　　　　ZYD03193荚　　　　　　　ZYD03193种子

鉴定方法

人工饲喂鉴定:采摘盛花期叶片饲喂2日龄斜纹夜蛾幼虫,称重幼虫并称量蛹重,根据叶片损害情况、虫重和蛹重进行分级。

感虫

抗虫

五、特殊类型野生大豆

（一）线形叶野生大豆

野生大豆叶形主要为椭圆形、卵圆形和披针形，但在采集过程中发现极个别为线形叶。在营养生长和生殖生长期叶形均表现为线形。图为辽宁东港发现的线形叶野生大豆。

营养生长期　　　　　　　　　　　　　生殖生长期

中叶长/宽超过6.3

（二）白花野生大豆

　　野生大豆通常为紫花，白花作为稀有材料偶有发现。白花野生大豆从出芽至成熟阶段，茎的颜色始终保持绿色。

真叶期下胚轴呈绿色

白花

花期茎中部呈绿色

花期茎基部呈绿色

白花材料 LJB007

第四章　野生大豆的生长环境

● 一级阶梯　青藏高原：西藏察隅
◐ 二级阶梯　山地：甘肃徽县，重庆云阳，陕西镇坪，重庆江津
　　　　　　黄土高原：甘肃景泰，宁夏中卫
　　　　　　云贵高原：云南宁蒗
◑ 三级阶梯　湿地：辽宁盘锦，天津武清，浙江德清
　　　　　　河流沿岸：黑龙江塔河，河北唐海，辽宁丹东
　　　　　　河套：山东蓬莱
　　　　　　湖边：黑龙江克东
　　　　　　撂荒地：山东荣成
　　　　　　人工林地：黑龙江依安，吉林大安
◒ 极端生境　内陆盐碱地：吉林通榆
　　　　　　滨海盐碱地：山东垦利
　　　　　　岩石风化物：浙江舟山群岛

　　野生大豆喜水耐湿，一般在有水的地方均可生长。我国幅员辽阔，地势可分为三级阶梯。一级阶梯主要为柴达木盆地和青藏高原（海拔4000米以上），除海拔2000米以下藏南地区的察隅县以外（地貌环境与二级阶梯类似），其余地方均未发现野生大豆。二级阶梯包括内蒙古高原、黄土高原、云贵高原以及准噶尔盆地、四川盆地、塔里木盆地等（海拔为1000—2000米），在黄土高原、云贵高原和四川盆地等地均发现有野生大豆，典型地貌环境为高原和山地。三级阶梯包括东北平原、华北平原、长江中下游平原以及辽东丘陵、山东丘陵、东南丘陵等（海拔在500米以下），在此地貌环境条件下，野生大豆分布异常丰富，典型地貌环境为平原、丘陵、湿地等，在河流沿岸、湖边、人工林地、撂荒地、农田边、路边等多见野生大豆分布。

　　野生大豆还具有耐盐碱性和耐贫瘠性，在土壤pH为9.18—9.23的盐碱地上仍可良好生长。本章收录了三级阶梯下不同地貌环境条件下的野生大豆及极端生境下的野生大豆。

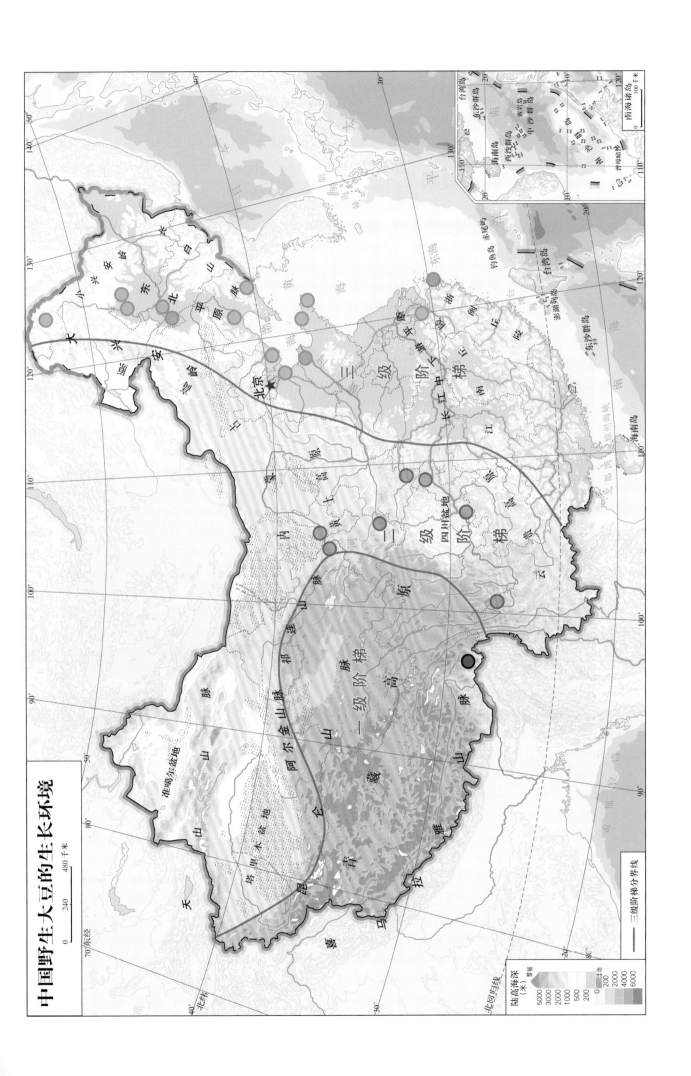

中国野生大豆的生长环境

一、一级阶梯

青藏高原：西藏察隅

　　察隅县地处西藏林芝地区，夏季印度洋吹来的西南季风带有大量水分和热量，因此该地区温暖而多雨，年平均降水量可达9000毫米以上，是世界上降水量最大的地区之一，有西藏的"江南"之称。察隅县土壤肥沃，适宜野生大豆生长，还可见芭蕉树等亚热带作物。

拍摄地：西藏自治区察隅县下察隅镇东南贡日嘎布曲附近

海拔：1490米

二、二级阶梯

（一）山地

1. 甘肃徽县

　　徽县位于甘肃省东南部陕、川交界地带，地处秦岭山脉南麓、嘉陵江上游秦巴山地中的徽成盆地。属北亚热带向暖温带过渡的大陆性季风气候，年平均降水量745.8毫米，蒸发量1178毫米，年平均气温 11.36℃，最高气温 38.3℃，最低气温 –15℃，年平均日照时数 1726.4 小时。此地区温度及降水适宜野生大豆生长，野生大豆分布较多。

拍摄地:甘肃省徽县江洛
镇南山坡

海拔:1160米

2. 重庆云阳

云阳县位于重庆市东北部的长江两岸，三峡库区腹心，地处四川盆地东部边缘的丘陵向山地过渡带，岭谷地貌明显，以山地为主，兼有谷、丘，具有山高、谷深、坡陡等特点。属亚热带季风气候区，日照充足，夏季炎热，冬季暖和，多伏旱多秋雨，立体气候显著，气温随海拔高度不同而变化。野生大豆在此地可以生长，但较难形成大面积群落。

拍摄地：重庆市云阳
县石佛山简家垮村附近
海拔：830米

3. 陕西镇坪

镇坪县位于陕西省安康地区东南,大巴山北侧腹地。大巴山主脊横亘,山冈连绵,峰岭叠嶂,属北亚热带山地湿润气候区,垂直差异大。四季分明,气候温和,年平均气温12.1℃,年平均无霜期250天,具有"冬无严寒,夏无酷暑"的显著特点。雨量充沛,年平均降水量956毫米,但降水量和降水日数分布不均,夏丰冬欠春秋多。此地局部地区适宜野生大豆生长,野生大豆分布较多。

拍摄地：陕西省镇坪
县云盘山小嘴河镇附近
海拔：1230米

4. 重庆江津

　　江津区位于重庆市西南部,地处长江中上游,四面高山环抱,丘陵地和山地较多,属亚热带季风气候,光照充足,气候温和,雨量充沛。年平均日照时数1207.9小时,年平均气温18.2℃,年平均降水量1034.7毫米。此地野生大豆多伴生竹子生长。

拍摄地：重庆市江津区永兴镇中山坪附近

海拔：590米

（二）黄土高原

1. 甘肃景泰

　　景泰县位于甘肃省中部，东临黄河，地处黄土高原与腾格里沙漠过渡地带，属温带干旱大陆性气候。降雨稀少，年平均降水量185.8毫米，年平均气温8.6℃，土地沙化严重，水资源匮乏，但由于五佛乡毗邻黄河，是"景电高扬程大型提灌工程"引黄灌溉的取水地，局部生态环境适宜，适合野生大豆生长。

拍摄地:甘肃省景泰县五佛乡兴水村附近

海拔:1310米

2. 宁夏中卫

　　中卫市位于宁夏中西部，宁夏、内蒙古、甘肃交界地带，虽地处黄土高坡，西临腾格里沙漠，地形集大漠、黄河、绿洲于一处，但地下水资源比较丰富。中卫市深居内陆，远离海洋，靠近沙漠，属半干旱气候，具有典型的大陆性季风气候和沙漠气候的特点。春暖迟、秋凉早、夏热短、冬寒长，风大沙多，干旱少雨。年平均气温在8.2—10℃之间，年平均无霜期159—169天，年平均降水量138—353.5毫米，年平均蒸发量1729.6—1852.2毫米，年平均日照时数3796.1小时。此地虽干旱少雨，但由于引黄灌溉，水资源较丰富，野生大豆分布较多。

拍摄地：宁夏回族自治区中卫市中央西大道，机场大道附近
海拔：1225米

（三）云贵高原：云南宁蒗

宁蒗县位于云南省西北部，地处横断山脉小凉山腹地，境内山峰林立，沟壑交错。属低纬度高原季风区，干湿季分明，因受高原和高山峡谷地形的影响，立体气候显著。年平均降水量920毫米，年平均日照时数2298小时，年平均无霜期190天，年平均气温12.7℃。在该地的一处农田和灌木丛交接处，见有野生大豆生长。

拍摄地:云南省宁蒗县永宁乡上瓦都附近
海拔:2743米

三、三级阶梯

（一）湿地

1. 辽宁盘锦

　　盘锦市位于辽宁省西南部，南临渤海辽东湾，是辽河三角洲的中心地带，辽河入海口所在地，地面海拔平均高度4米左右，多水无山。属暖温带半湿润大陆性季风气候。气候特点为四季分明、雨热同季、干冷同期、温度适宜、光照充裕。年平均气温9.3℃，年平均降水量651毫米，年平均日照时数2725.9小时。红海滩湿地野生大豆分布茂盛，多伴生芦苇等植物。

拍摄地:辽宁省盘锦市红海滩湿地公园

海拔:2米

2. 天津武清

　　武清区位于天津市西北部,海河水系中下游,地处华北冲积平原下端,地势平缓,海拔高度最高13米,最低2.8米。属温带半湿润大陆性季风气候,四季分明,日照充足,年平均气温11.6℃,年平均日照时数2705小时,年平均无霜期212天,年平均降水量606.8毫米。武清气候土壤适宜,野生大豆分布较多。

拍摄地：天津市武清区大黄堡湿地自然保护区

海拔：5米

3. 浙江德清

　　德清县位于长江三角洲杭嘉湖平原西部，属低山丘陵区，地势自西向东倾斜，东部为平原水乡，中部为丘陵。属亚热带湿润季风区，温暖湿润，四季分明，年平均气温13—16℃，年平均无霜期220—236天，年平均降水量1379毫米。下渚湖内野生大豆分布较多。

拍摄地:浙江省德清县下渚湖国家湿地公园

海拔:5米

（二）河流沿岸

1. 黑龙江塔河

塔河县是中国最北部的两个县之一，属大兴安岭地区，位于黑龙江省西北部，依西肯乡位于县境东北部，黑龙江右岸，东北与俄罗斯隔江相望。塔河县地处北温带，属寒温带大陆性气候，受大陆和海洋高、低及季风交替的影响，气候变化显著，冬季漫长干燥而寒冷，夏季短暂而湿热，春季多大风而少雨，秋季降温急剧，霜冻来得早。塔河县年平均气温−2.4℃，年平均无霜期98天，年平均降水量463.2毫米，年日照时数2015—2865小时。依西肯乡黑龙江干流堤防由砂石铺就，在堤防两侧均有野生大豆分布。

拍摄地：黑龙江省依西肯乡黑龙江干流堤防

海拔：212米

2. 河北唐海

　　唐海县(曹妃甸区)是河北省唐山市辖区,位于唐山南部沿海,地处渤海湾中心地带。属东部季风区温带半湿润地区,大陆性季风特征显著,年平均气温11℃,年平均降水量636毫米,四季分明。双龙河是天然的海淡水输水渠和蓄水库,两岸河堤上野生大豆分布异常丰富。

拍摄地：河北省唐海县双龙河西岸

海拔：2米

3. 辽宁丹东

　　丹东市位于辽宁省东南部,东与朝鲜的新义州市隔江相望,南临黄海,地处亚欧大陆东岸中纬度地带,属暖温带亚湿润季风型气候,年降水量多在800—1200毫米之间,是中国北方雨量最多的地区,降水2/3集中于夏季。年平均气温南部在8—9℃,受季风影响,季节变化明显,四季分明,是中国东北地区最温暖最湿润的地方。鸭绿江沿岸的荒地中,野生大豆分布较多。

拍摄地:辽宁省丹东市中朝鸭绿江大桥(新桥)附近
海拔:2米

（三）河套：山东蓬莱

  蓬莱市位于胶东半岛最北端，濒临渤、黄二海，地处中纬度，属暖温带季风区大陆性气候，年平均气温11.7℃，年平均降水量664毫米，年平均日照时数2826小时，年平均无霜期206天。龙王河南连战山水库，北接入海口，战山水库蓄水期，龙王河河道内断流，野生大豆分布较密。

拍摄地:山东省蓬莱市安香寺村龙王河桥附近

海拔:10米

（四）湖边：黑龙江克东

  克东县隶属于黑龙江省齐齐哈尔市，位于黑龙江省北部，地处小兴安岭与松嫩平原过渡带，地势丘陵起伏，平均海拔436米左右。属中温带典型大陆性季风气候，冬季漫长、干燥、严寒；夏季温和多雨；早春低温多雨雪易涝，暮春少雨易干旱；秋季降温迅速，常有冻害发生。年平均气温2.4℃，年平均日照时数2735.3小时，年平均降水量526.5毫米，年平均无霜期125天。该地区条件适宜，常见有野生大豆生长。在玉岗水库南侧，发现大片野生大豆。

拍摄地:黑龙江省克东县玉岗水库

海拔:242米

（五）撂荒地：山东荣成

荣成市位于山东半岛最东端，海拔不高，地形复杂，群山连绵、丘陵起伏、沟壑纵横。有山地、丘陵、平原三种地貌类型。属暖温带大陆性季风型湿润气候，四季变化和季风进退都较明显。北、东、南三面濒临黄海，受海洋调节显著，海洋性气候特点表现突出，具有四季分明、气候温和、冬少严寒、夏无酷暑、季风明显、空气湿润、降水集中等特点。空气湿度较大，年平均气温11.3℃，年平均日照时数2578.5小时。该地气候条件较好，在一处荒地内，见有野生大豆零星生长。

拍摄地：山东省荣成市成山镇袁家庄S302省道附近

海拔：10米

（六）人工林地

1. 黑龙江依安

依安县位于黑龙江省西部，小兴安岭西南麓，松嫩平原北缘，齐齐哈尔市东北部。地势东北高，西南低，平均海拔220米。属寒温带大陆性季风气候，四季分明。年平均气温2.4℃，一年之中有5个月平均气温在0℃以下。年平均降水量500毫米左右，年平均日照时数2500小时，年平均无霜期125天左右。在该地跃进水库西侧的一段人工林内，野生大豆生长异常茂盛，大面积地表被野生大豆植株覆盖。

拍摄地：黑龙江省依安县跃进水库西侧008县道旁

海拔：186米

2. 吉林大安

　　大安市位于吉林省西北部,地处松嫩平原腹地,被称为"嫩江明珠"。属中温带季风气候,四季分明,年平均日照时数3012.8小时,年平均气温4.3℃,年平均降水量413.7毫米。在该地的一段人工林内,野生大豆生长较茂盛。

拍摄地：吉林省大安市302国道赵家窝棚东

海拔：127米

四、极端生境

（一）内陆盐碱地：吉林通榆

1. 植株形态

拍摄地：吉林省通榆县向海自然保护区向海水库北侧林点

海拔：166米

苏打盐碱地的特点是pH在8以上，$NaHCO_3$含量高，毒性大。吉林白城的通榆县是世界上三大苏打盐碱地之一。

191

2. 盐害特征

野生大豆具有较强的抗盐碱能力,典型的盐碱胁迫会使野生大豆沿着叶脉产生白色点。

3. 群落及周边环境

195

（二）滨海盐碱地：山东垦利

1. 植株形态

拍摄地：山东省东营市垦利县黄河入海口生态风景区

海拔：-1米

滨海盐碱地的土壤盐分较高，养分缺乏及不平衡，盐分组成与海水基本一致，以氯化钠为主，地下水位高、矿化度大。山东垦利地区的土壤有机质含量低，缺氮、贫磷、富钾。

2. 盐害特征

野生大豆具有较强的抗盐碱能力,典型的盐碱胁迫会使野生大豆沿着叶脉产生白色点。

3. 群落及周边环境

（三）岩石风化物：浙江舟山群岛

岩石在太阳辐射、大气、水和生物等作用下,出现破碎、疏松及矿物成分次生变化的现象,称为岩石风化。岩石风化物具有一定的透水性和蓄水性,矿物经过分解也会释放出一些可溶性物质供植物利用。野生大豆抗逆性较强,在一些特殊情况下,甚至能够生长在岩石风化物上面。由于岩石风化物的蓄水性较差,野生大豆植株具有底部节间较短,茎秆木质化较明显等特点。

拍摄地:浙江省舟山市朱家尖岛羊婆礁附近

海拔:39米

第五章 野生大豆的保护

一、野生大豆的原生境保护
（一）物理隔离法
（二）主流化保护法

二、野生大豆资源的异位保存
（一）野生大豆的资源繁殖圃
（二）野生大豆的鉴定评价
（三）野生大豆种质资源库

野生大豆仅分布于东亚，是我国特有的珍稀野生植物。近年来，一些地区由于大规模开荒、放牧、兴修水利、农田改造以及开发建设等原因，使野生大豆的自然分布区急剧缩减。为了保护野生大豆，我国作出了积极努力。本章收录了目前我国在野生大豆保护方面的工作进展。

一、野生大豆的原生境保护

　　我国野生大豆的保护体系主要分为原生境保护和异位保存两部分。原生境保护以建立原生境保护区为主，异位保存以建立种质资源库和异位繁殖基地为主。原生境保护能够更好地完整保存野生大豆的遗传多样性，而异位保存能够在遇到不可抗拒的自然灾害时避免物种灭绝。

　　原生境保护又可细分为两类，一类为物理隔离方法，一类为主流化方法。自2002年起，在农业部和相关国际机构的资助下，我国相继在全国18个省（直辖市、自治区）建立起49个采用物理隔离法的农业部野生大豆原生境保护区、3个采用主流化方法建立的联合国开发计划署和农业部"作物野生近缘植物保护与可持续利用——野生大豆示范点"。

（一）物理隔离法

　　物理隔离法建立的原生境保护区，利用围墙、铁丝网围栏、天然屏障等隔离措施将野生大豆与周边环境保护起来，防止人和牲畜进入产生干扰，通常设立核心区与缓冲区。

（二）主流化保护法

主流化保护法也称为与农业生产相结合或农民参与式的保护方法，即在不影响农业生产的前提下，通过农民的积极参与，解决农民的生产生活问题，消除威胁被保护物种主要因素的根源，达到可持续保护农业野生植物与农业生产相结合的目的。

黑龙江省巴彦县富江乡振发村示范点，面积约600亩

吉林省延边州龙井市老头沟镇文化村示范点,面积约580亩

河南省桐柏县固县镇示范点,面积约900亩

二、野生大豆资源的异位保存

野生大豆的异位保存，主要包括异地繁殖、鉴定评价和低温保存。

（一）野生大豆的资源繁殖圃

野生大豆适应性强，在我国大部分地区均可正常种植，在资源繁殖时，盆栽或大田种植均可收获较多的种子。

野生大豆直立性差,蔓生性强,在繁殖野生大豆时,需要采用竹竿作为其攀援物。

（二）野生大豆的鉴定评价

搜集来的野生大豆需要进行鉴定评价，一是鉴定其表型、农艺性状等，为编目入库提供基础数据；二是挖掘野生大豆的优异基因，为野生大豆的利用提供资源。 野生大豆的鉴定评价，需要控光暗室、网棚等一系列的特用、专用鉴定设备、设施才能完成。

吉林省野生大豆资源鉴定评价基地

盆栽鉴定圃

恒温水浴池

温室

控光暗室

网棚鉴定圃

旱棚鉴定圃

品质分析实验室

（三）野生大豆种质资源库

　　野生大豆的搜集保存受到世界各国的广泛关注，在世界范围内，野生大豆仅分布在东亚的中、日、韩三国及俄罗斯远东地区。日本搜集1305份，韩国搜集733份，俄罗斯搜集了远东地区的野生大豆317份，保存在全俄瓦维洛夫植物遗传资源研究所。美国本土虽没有野生大豆，但是通过交换等方式搜集了中、俄、日、韩等国的野生大豆1351份，保存在伊利诺伊大学厄巴纳-香槟分校。我国搜集保存的野生大豆数量最多，其中国家种质资源库搜集保存了8518份，吉林省农业科学院通过全国范围内连续13年的野生大豆资源考察，搜集保存野生大豆资源19 805份。此外，黑龙江省农业科学院、辽宁省农业科学院、南京农业大学等单位也搜集了相当数量的野生大豆。

吉林省农业科学院

吉林省农业科学院野生大豆种质资源库

第六章　野生大豆的利用

一、野生大豆与栽培大豆的杂交

二、野生大豆在创制优异中间材料中的应用

（一）在创制耐盐碱中间材料中的应用

（二）在创制耐旱中间材料中的应用

（三）在创制抗胞囊线虫中间材料中的应用

（四）在创制抗蚜虫中间材料中的应用

（五）在创制高异黄酮中间材料中的应用

（六）在创制抗灰斑病中间材料中的应用

三、野生大豆在小粒大豆新品种选育中的应用

（一）吉林小粒1号

（二）吉林小粒4号

（三）吉林小粒7号

（四）吉育101

（五）吉育102

四、野生大豆在大粒大豆新品种选育中的应用

（一）吉育59

（二）吉育66

（三）吉育89

　　野生大豆与栽培大豆杂交可育，后代遗传差异大，能够分离出产量和性状超高亲的材料，广泛应用于优异育种中间材料创制、小粒大豆选育、大粒大豆选育、杂交大豆选育等。本章收录了野生大豆在大豆育种中应用取得的部分成果。

一、野生大豆与栽培大豆的杂交

野生大豆做父本：

从左至右：野生大豆、杂交种F₁、栽培大豆

　　野生大豆与栽培大豆没有生殖隔离，无论野生大豆做父本，还是栽培大豆做父本，均可育。野生大豆与栽培大豆的杂交后代F₁，植株的花、茎、叶以及F₁结实后的豆荚、种子等组织器官，其表型均介于双亲之间。但由于野生大豆花小，做母本时不易于操作，同时考虑到细胞质遗传的因素，多数研究者在利用野生大豆改良栽培大豆时，多选择野生大豆做父本、栽培大豆做母本的杂交方案。

栽培大豆做父本:

从左至右:栽培大豆、杂交种F₁、野生大豆

二、野生大豆在创制优异中间材料中的应用

野生大豆蛋白质含量高、抗逆性好、适应性强等性状可以通过杂交引入栽培大豆中,改良栽培大豆品种。选择目标性状突出的野生大豆与产量性状较好的主栽品种进行杂交,构建杂交群体,可以创制出目标性状突出、综合性状优良的育种中间材料。

（一）在创制耐盐碱中间材料中的应用

父本　　　　　　　　　　中间材料　　　　　　　　　　母本

父本　　　　　　　中间材料　　　　　　母本

父本：ZYD00659。抗盐碱野生大豆,通过 pH=10 的内陆盐碱土(NaHCO₃ 胁迫)筛选获得。

母本：吉科豆1号。吉林省高油大豆品种,脂肪含量 22%—23%,百粒重 22—24 克,高抗倒伏,抗灰斑病、霜霉病。

创制的中间材料：筛选到耐盐碱胁迫,并且综合性状良好的中间材料。个别材料在极端的 300mmol/L 的 NaCl、NaHCO₃、Na₂CO₃、Na₂SO₄(质量比为 1∶9∶9∶1)混合盐碱液胁迫下,苗期耐盐碱害指数为 35.24%,表现为中耐。

（二）在创制耐旱中间材料中的应用

父本:ZYD00509。1级强抗旱野生大豆种质,通过人工温室控制水分鉴定法筛选获得。

母本:吉育88。吉林省高产大豆品种,平均每公顷产量3303.4千克。强抗倒伏,结荚密集,多3—4粒荚,抗花叶病毒病、霜霉病、灰斑病,抗大豆食心虫。

创制的中间材料:筛选到耐旱胁迫,综合性状良好的中间材料。

父本　　　　　　　　中间材料　　　　　　　母本

父本　　　　　中间材料　　　　　母本

（三）在创制抗胞囊线虫中间材料中的应用

父本：ZYD00321。采用病土盆栽及人工接种鉴定法获得，多年重复鉴定，平均胞囊数小于5的高抗胞囊线虫野生大豆。

母本：吉育47。高油大豆品种，卵圆形叶，白花，灰色茸毛，节间短，结荚密集、均匀，百粒重20克。抗细菌性斑点病、霜霉病，中抗花叶病毒病、灰斑病，较抗大豆食心虫。适应吉林省大豆中熟区种植。

创制的中间材料：筛选到抗胞囊线虫，综合性状良好的中间材料。

父本　　　　　　　　中间材料　　　　　　　母本

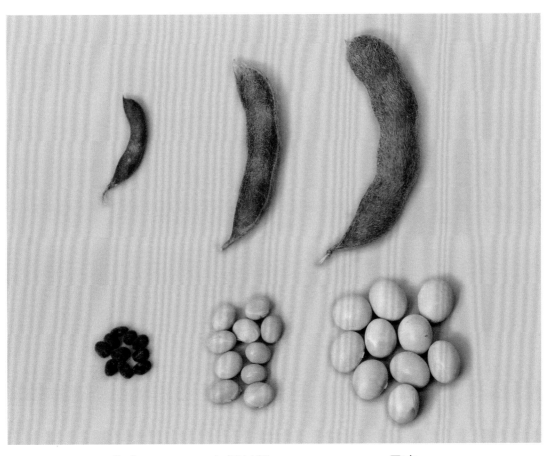

父本　　　　中间材料　　　　母本

（四）在创制抗蚜虫中间材料中的应用

父本：85-32。高抗蚜虫野生大豆，通过人工接种蚜虫鉴定获得。

母本：绥农28。高油大豆品种。百粒重21克，结荚密集、均匀、顶荚丰富。粗蛋白含量22.75%。中抗灰斑病。适应吉林省大豆早熟区种植。

创制的中间材料：筛选到抗蚜虫，综合性状良好的中间材料。

父本　　　　　　　　　　中间材料　　　　　　　　母本

父本　　　　　　　中间材料　　　　　　母本

（五）在创制高异黄酮中间材料中的应用

父本：LJ088。高异黄酮含量野生大豆，异黄酮含量5.81mg/g，采用高效液相色谱分析获得。

母本：绥农14。高油高产大豆品种，主栽品种，百粒重22克，抗倒伏，中抗灰斑病。

创制的中间材料：筛选到异黄酮含量高，综合性状良好的中间材料。

父本　　　　　　　　中间材料　　　　　　　　母本

父本　　　　　　　中间材料　　　　　　母本

（六）在创制抗灰斑病中间材料中的应用

父本：5030097。抗灰斑病野生大豆，采用人工喷雾接种鉴定获得。

母本：东农51。高异黄酮、高油大豆品种，异黄酮含量4.557mg/g。百粒重22克，抗倒伏。中抗灰斑病、花叶病毒病。

创制的中间材料：筛选到高抗灰斑病，综合性状良好的中间材料。

父本　　　　　　　　中间材料　　　　　　　　母本

父本 中间材料 母本

三、野生大豆在小粒大豆新品种选育中的应用

（一）吉林小粒1号

系谱:

平顶四× GD50477（高蛋白野生大豆）

↓

吉林小粒1号

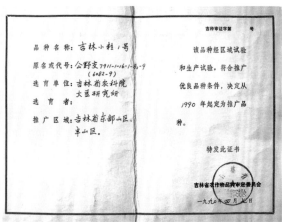

选育过程:以亚有限结荚习性的地方品种平顶四为母本,以长花序高蛋白的野生大豆GD50477为父本,进行种间有性杂交,对杂种后代采用系谱法选育而成,是小粒黄豆出口专用品种。1990年2月经吉林省农作物品种审定委员会审定。吉林小粒1号是我国直接利用野生大豆育成的第一个通过省品种审定的大豆新品种,选育技术及品种"野生大豆直接利用技术及吉林小粒1号新品种"获得1995年度国家发明奖四等奖。

特征特性：白花，椭圆形叶，灰毛，荚皮褐色，籽粒圆形，有光泽，黄种皮，白脐，粒小（百粒重9.5克，籽粒直径5.5毫米）饱满，亚有限结荚习性，植株高度中等，一般为80—85厘米，有效分枝2.5个，秆强中等。结荚较密，3—4粒荚较多，单株荚数、粒数较多。蛋白质含量44.89%，脂肪含量16.14%。

（二）吉林小粒4号

系谱：

通农9号×GD50444-1（高蛋白野生大豆）

↓

吉林18号×公野9054　　F₁

↓

吉林小粒4号

选育过程：吉林小粒4号是吉林省农科院大豆研究所利用野生大豆（GD50444-1）与优良栽培大豆（通农9号）杂交，再根据选育目标，选用秆强、高产栽培大豆（吉林18号）进行广义回交，采用院内选拔与海南岛加代相结合的方法选育出的小粒黄豆出口专用新品种。2000年4月通过吉林省品种审定。该品种具有早熟、粒小、质优、耐瘠薄、高产、种植区域跨越7个纬度、适应性广等特点。深受农民和日本、韩国欢迎。

2001年被农业部评为国家农作物优异种质一等奖。2002年7月获国家植物新品种保护权（品种权名吉育4号）。被吉林省政府授予"吉林名牌"荣誉称号。

特征特性：披针形叶，白花，灰色茸毛，籽粒圆形，种皮黄色，黄脐，百粒重8.2克，株高80厘米左右，亚有限结荚习性，3—4粒荚较多，结荚较密。蛋白质含量45.19%，脂肪含量16.75%。抗大豆食心虫，抗花叶病毒病1号株系，抗灰斑病。

（三）吉林小粒7号

系谱：

吉林21号×GD50356（高蛋白野生大豆）

↓

公野9140×黑龙江小粒豆

↓

吉林小粒7号

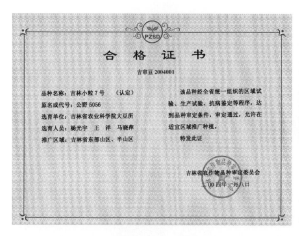

选育过程：利用高产的优良大豆品种吉林21号为母本，以矮秆基因传递能力强的野生大豆GD50356为父本配制杂交组合，F5决选出高异黄酮、高蛋白含量、粒小、粒匀优良株系公野9140，再以秆强的中粒品种黑龙江小粒豆为父本进行广义回交，选育出高异黄酮含量的小粒大豆品种。2004年1月通过吉林省农作物品种审定委员会审定。具有生育期短、品质优、籽粒小、耐瘠薄和稳产高产等特点。被农业部推荐为全国大豆生产优势产区主推品种。

特征特性：白花，披针形叶，黄种皮，黄脐，圆粒，灰色茸毛，株高80厘米，亚有限结荚习性，结荚均匀，3—4粒荚较多，分枝收敛，百粒重8.5克，生育期115天，蛋白质含量44.35%，脂肪含量18.36%，碳水化合物含量39.47%，异黄酮含量6.025mg/g，异黄酮含量是普通栽培大豆的1—2倍。无硬石粒，外观及化学品质优良，高抗褐斑病和霜霉病，抗细菌性斑点病和大豆食心虫。适合做纳豆、芽豆。

（四）吉育101

系谱：

通交399×ZYD01043（高蛋白、早熟野生大豆）

↓

公野8756×吉林28号

↓

F₂×吉林小粒4号

↓

吉育101

选育过程：利用有限结荚习性的栽培大豆（通交399）与高蛋白、早熟野生大豆（ZYD01043）杂交，获得高蛋白优良品系公野8756，再与高蛋白品种吉林28号杂交，F₂选择蛋白含量高的优良植株与高蛋白小粒大豆吉林小粒4号杂交，后代采用系谱法选育而成。2007年1月通过吉林省农作物品种审定委员会审定。具有蛋白含量高、籽粒小、抗病虫、耐瘠薄和高产稳产等特点，是制作纳豆、芽豆的理想原料。被中粮国际（北京）有限公司、大连吉农科技发展有限公司等外贸部门定为出口专用品种。

特征特性：紫花，披针形叶，圆粒，黄种皮，有光泽，黄脐，灰色茸毛，亚有限结荚习性，株高90厘米，结荚密集，3—4粒荚较多，百粒重8.9克，生育期125天。蛋白质含量47.94%，脂肪含量17.30%。抗花叶病毒病，高抗灰斑病，抗褐斑病，高抗霜霉病，抗细菌性斑点病和抗大豆食心虫。

（五）吉育102

系谱：

吉林40号×ZYD00929（高蛋白半野生大豆）

↓

公野9362×吉青1号

↓

吉育102

选育过程：以栽培大豆品种吉林40号与高蛋白半野生大豆ZYD00929进行杂交，获得高蛋白优良品系公野9362，再以绿皮绿子叶的大豆品种吉青1号为父本进行杂交，后代采用系谱法选育出的小粒大豆出口专用品种。2007年1月通过吉林省农作物品种审定委员会审定。该品种是第一个绿皮绿子叶的小粒豆品种，具有品种优、籽粒小、耐贫瘠和稳产高产等特点。被中粮国际（北京）有限公司等外贸部门定为出口专用品种批量出口。

特征特性：白花，披针形叶，绿色种皮，绿子叶，圆粒，黄脐，荚皮黑色，百粒重8.6克，亚有限结荚习性，株高95厘米，生育期120—125天。蛋白质含量44.22%，脂肪含量16.95%，中抗花叶病毒病，抗灰斑病、细菌性斑点病和褐斑病，高抗霜霉病和大豆食心虫。外观及化学品质优良，适合制作纳豆和芽豆。

四、野生大豆在大粒大豆新品种选育中的应用

（一）吉育59

系谱：

通交399（有限结荚习性栽培大豆）×GD50477（高蛋白野生大豆）

↓

公野85104-11×吉林27号（含有夏大豆血缘的栽培大豆）

↓

吉育59

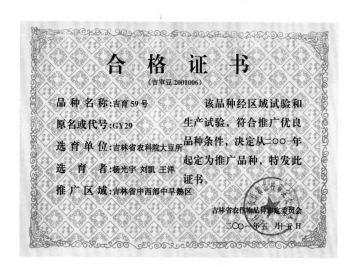

合　格　证　书

（吉审豆2001006）

品 种 名 称：吉育59号　　　该品种经区域试验和

原名或代号：GY29　　　　生产试验，符合推广优良

选 育 单 位：吉林省农科院大豆所　品种条件，决定从二○○一年

选 育 者：杨光宇 刘凯 王洋　起定为推广品种，特发此

推 广 区 域：吉林省中西部中早熟区　证书。

吉林省农作物品种审定委员会

二○○一年五月十五日

选育过程：吉育59是以有限结荚习性的栽培大豆通交399和高蛋白野生大豆GD50477杂交，获得的公野85104-11再与栽培大豆吉林27号杂交选育而成。该品种蛋白质含量44.52%，属高油大豆品种。

242

特征特性:株高85厘米,披针形叶,白花,灰色茸毛,3—4粒荚多,籽粒圆形,种皮黄色有光泽,脐黄色,百粒重19.5克。中早熟品种,生育期120天,需有效积温2400℃以上,亚有限结荚习性。接种鉴定,抗SMVⅠ,中抗SMVⅡ、SMVⅢ、灰斑病,抗大豆食心虫。田间自然鉴定表现抗花叶病毒病、霜霉病、灰斑病、大豆食心虫。蛋白质含量44.52%,脂肪含量19.24%。

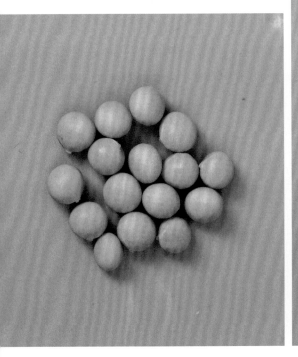

（二）吉育66

系谱：

吉林27号 × GD50279（产量性状突出的半野生大豆）

↓

F₂ × 吉林30号

↓

吉育66

选育过程：利用高产大豆品种吉林 27号为母本，以产量性状突出的半野生大豆 GD50279为父本配制杂交组合，在F₂选择蔗糖含量高、多荚、直立型植株，与高产大豆品种吉林30号进行广义回交，后代采用系谱法与混合法相结合选育而成。2002年通过吉林省农作物品种审定委员会审定，具有蔗糖含量高、蛋白组分合理、高产、稳产、耐干旱及抗逆性强等特点，制作的豆腐口感好，产量高。被中粮国际（北京）有限公司等外贸部门定为大豆出口专用品种。

特征特性:白花,黄种皮,黄脐,圆粒,灰色茸毛,披针形叶,株高 85 厘米,亚有限结荚习性,3—4 粒荚较多,百粒重 19.9 克,生育期 121 天,外观品质优良,中抗花叶病毒病和灰斑病,蛋白质含量 42.37%,脂肪含量 19.17%,蔗糖含量 8.04%,适合制作豆腐。

（三）吉育89

系谱：

吉林1号（高油栽培大豆）×GD50112（野生大豆）

↓

F₂（选择抗病、高油的半直立植株）×吉林3号（高油栽培大豆）

↓

F₄（选择高油、高产、抗病虫的植株）×Sappor（美国高油栽培大豆）

↓

吉育89

选育过程：吉育89是以高油栽培大豆吉林1号为母本、野生大豆GD50112为父本配制杂交组合，在F₂选择抗病、油分含量较高、半直立植株做母本，与吉林3号配制广义回交组合，在F₄选择油分含量高、产量性状突出、抗病虫的优良植株做父本，与高油品种Sappor进行杂交，后代采用系谱法选育而成。

特征特性：籽粒圆形，种皮黄色，有光泽，脐黑色，百粒重16.8克。亚有限结荚习性，株高100厘米，圆叶，紫花，灰色茸毛，主茎型，秆强不倒伏，结荚密集，3—4粒荚多，荚熟呈褐色。蛋白质含量35.37%，脂肪含量24.61%。抗花叶病毒病，高抗灰斑病、霜霉病和细菌性斑点病，中抗褐斑病，感大豆食心虫。中晚熟品种。出苗至成熟129天，需≥10℃积温2600℃以上。

图书在版编目(CIP)数据

中国野生大豆图志/董英山等主编. —上海:上海科技
教育出版社,2019.12
ISBN 978-7-5428-7140-4

Ⅰ.①中… Ⅱ.①董… Ⅲ.①野大豆—中国—图
谱 Ⅳ.①S545-64

中国版本图书馆CIP数据核字(2019)第273636号

责任编辑 殷晓岚
装帧设计 汤世梁
地图由中华地图学社提供,地图著作权归中华地图学社所有

中国野生大豆图志

董英山 刘晓冬 杨光宇 齐广勋 主编

出版发行 上海科技教育出版社有限公司
   (上海市柳州路218号 邮政编码200235)

网 址	www.sste.com www.ewen.co	
经 销	各地新华书店	
印 刷	上海颛辉印刷厂	
开 本	889×1194 1/16	
印 张	16.25	
版 次	2019年12月第1版	
印 次	2019年12月第1次印刷	
审 图 号	GS(2019)5950号	
书 号	ISBN 978-7-5428-7140-4/N·1072	
定 价	130.00元